体验玩转数学的乐趣，发现头脑变聪明的惊喜

越玩越聪明的
印度数学
——全集——

孙瑾筱 / 编著

席卷美国、英国、日本、韩国、德国、中国台湾的
数学风潮

中国纺织出版社

内 容 提 要

本书详细地向大家介绍了以前只在印度上层人士之间口头流传的 Veda数学。详细解析了Veda数学经典中的计算方法和与数学有关的 Sutura的 Atharva-veda原文，并将16种 Sutura方法用现代语言进行再编辑，力图使所有的人都可以简单理解并掌握。

图书在版编目(CIP)数据

越玩越聪明的印度数学全集 / 孙瑾筱编著. --北京：中国纺织出版社，2014.5 （2022.9重印）

ISBN 978-7-5064-9521-9

Ⅰ．①越… Ⅱ．①孙… Ⅲ．①古典数学-印度-普及读物 Ⅳ．①O113.51-49

中国版本图书馆CIP数据核字(2012)第308096号

责任编辑：王　慧　　　　　　责任印制：储志伟

中国纺织出版社出版发行

地址：北京朝阳区百子湾东里A407号楼　邮政编码：100124

邮购电话：010-87155894　传真：010-87155801

http://www.c-textilep.com

E-mail：faxing@c-textilep.com

官方微博 http://weibo.com/2119887771

三河市延风印装有限公司印刷　　各地新华书店经销

2014年5月第1版　　2022年9月第11次印刷

开本：710×1000　1/16　印张：11.5

字数：120千字　　定价：25.00元

凡购本书，如有缺页、倒页、脱页，由本社图书营销中心调换

前 言

　　小明是一家服装店里的老板。一次，他购买衣服，一件衣服是18元购进，21元卖出。一天，一个小伙子走进店里，买了一件衣服，给了小明100元，小明没有零钱，只好跑到邻居家的店里将100元换成零钱，回来后给了小伙子79元。小伙子走后，邻居找到小明，告诉他：那张100元是假币。小明只好重新给了老板100元。亲爱的读者，你知道老板小明在这个过程中损失了多少钱吗？其实，这是一道简单至极的数学题，你只需将脑袋稍稍转一下，就知道老板小明在这个过程中损失了97元，而不是179元，或者89元，或者其他的数额。这就是所谓的数学脑筋急转弯，可能要在运算过程中找一下运算的诀窍。也许，你会说这太难了，我完全找不到任何诀窍，那么，从现在开始，我们来学习一下不用太多诀窍、掌握后就能灵活运算的数学技能——印度数学心算。

　　本书共分为三大部分，每一部分又包含若干小节，当然每一部分都有加减乘除的相关运算，内容则由浅入深。也许开始的时候，你会不适应。不适应从右向左的运算方法，不适应在运算过程中用加法替代减法运算，不适应古老的结网记数法，更不知道在做除法的时候会用整数的余数来算数学式的商和余数。别着急，一切都需要一个适应过程。当有一天，你发现周围的人说出"一箱饮料18瓶，我需要一打，一瓶两块"的时候，你就能脱口而出他会买多少瓶，应付多少钱。这就应用了书中的某节内容，"十位数相同，个位数相加等于10的两个数的乘法"，迅速地得出答案。也许对于初学的你来说，印度数学心算可能还要有一个适应过程，你才能将一切计算方法烂熟于心。你应该相信的是：一旦你掌握了这种先进的计算方法，它提升你的不仅仅是你的计算能力，还有你的逻辑思维能力，同时也锻炼了你的反应速度和灵敏度。

这听来有点不可思议，你也许会在心里不屑一顾或者是持有很鄙视的态度。也许那些硅谷的经营可以给你很好的证明，证明你的不屑一顾或者鄙视的态度是多么错误。美国的硅谷是其国家软件科技和电脑科技最为发达的地方，但是放眼望去，印度人比比皆是，他们用自己的智慧在硅谷打出了属于自己的天地。据统计，印度人占硅谷人数的30％。这就是印度数学独特的计算方法为他们带去的前所未有的"魅力"。运用他们独特的计算方法，你会发现它锻炼了你的反应能力，锻炼了你的逻辑思维，开阔了你的眼界。"哦！世界上居然有这么有趣的数学算法。"

一切有待读者自己去证实。不管是乘数是11，除数是7、8、9，加法的竖式算，还是减法的整十数相减，个位数相加，计算方法不一而足，算法千奇百怪，无疑让你在学习中体会到了如同变魔术一样的乐趣。在边学边玩中，你会发现自己的心算能力在不断提高，而且体会到了与枯燥数学的算法不一样的乐趣。加油吧！也许学完之后，你会发现有更多的收获！

编著者

2012年10月

目录

第一章　快乐基础算——初级印度数学

第二章　开心提高算——中级印度数学

第三章　愉悦拔高算——高级印度数学

第一章

快乐基础算——初级印度数学

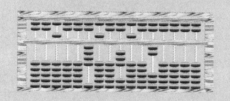

　　所谓的"基础"就如同我们盖楼的地基，如果打不好基础，房子就会不结实，就会很容易坍塌。学习也一样，学习印度数学的相关算法也如此。只有打好了基础，才能融会贯通，计算速度才会越来越快。所以，本章从基础入手。

第一节
加法——改变传统的从右至左算法

一、速度与正确率测试

① 14+33=　　　② 52+39=　　　③ 42+65=

④ 34+65=　　　⑤ 62+64=　　　⑥ 58+72=

⑦ 36+55=　　　⑧ 87+65=　　　⑨ 61+47=

⑩ 22+34=

答案

用时：_____　　正确率：_____%

① 47　　　② 91　　　③ 107　　　④ 99　　　⑤ 126

⑥ 130　　　⑦ 91　　　⑧ 152　　　⑨ 108　　　⑩ 56

二、算式解析

　　计算两位数的加法，我们从小是不是已经习惯了从右至左运算的顺序，即先从个位开始算起。而印度数学则教你从左开始算起，这就省去了一直考虑进位的麻烦。现在，试试新的方法，比较一下是不是简便很多。

25+23=

第一步：将被加数和加数分别分成整十数与个位数两部分，即25分为20、5，23则分为20、3。

第二步：被加数的整十数和加数的整十数相加，即20+20=40。

第三步：被加数的个位数与加数的个位数相加，即5+3=8。

第四步：将两部分结果依次相加，即40+8=48。

◉ 例题演示：

25+23=

↓　↓

20+20=40

↓　↓

5 + 3=8

答案为：48。

64+82=?

↓ ↓

60+80=140

↓ ↓

4 + 2 =6

第一步：将被加数和加数分别分成整十数与个位数两部分，即
64分为60、4，82则分为80、2。

第二步：被加数的整十数与加数的整十数相加，即60+80=140。

第三步：被加数的个位数与加数的个位数相加，即4+2=6。

第四步：将两部分结果依次相加，即140+6=146。

◉ 例题演示：

64+82=

↓ ↓

60+80=140

↓ ↓

4 + 2 =6

答案为：146。

381+437=

381+437

↓　　↓

300+400=700

↓　　↓

80 + 30=110

↓　　↓

1 + 7=8

第一步： 将被加数和加数分别分成整百数、整十数与个位数三部分，即381分为300、80、1三部分，437则分为400、30、7三部分。

381 ——→ 300+80+1

437 ——→ 400+30+7

第二步： 被加数的整十数与加数的整百数相加，即300+400=700。

第三步： 被加数的整十数与加数的整十数相加，即80+30=110。

第四步： 被加数的个位数与加数个位数相加，即1+7=8。

第五步： 将三部分结果依次相加，即700+110+8=818。

◉ 例题演示：

357+532=

357 + 532

↓　　　　↓

300 + 500=800

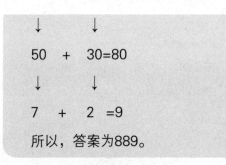

50　+　30=80

7　+　2　=9

所以，答案为889。

三、技巧算法详解

在算简单加法的时候，计算方法如下：

第一步：要将被加数和加数分别分成整百、整十与个位数几部分。

第二步：从高位开始进行计算，被加数整百数与加数的整百数相加、被加数的整十数与加数的整十数相加，被加数的个位数和加数的个位数相加。

第三步：将上述的几部分结果按顺序相加，即是最后结果。当各个部分的计算需要进位的时候，一定要进位，以保证结果的正确性。

四、速算课堂

聪明的读者，你是否掌握了从左至右加法的算法？记得，要改变传统的算法，从高位开始算起。现在，就来实践一下，试试此算法是不是很有效？

①23+77=   ②43+ 65=   ③47+57=

④38+43=   ⑤54+32=   ⑥786+365=

⑦245+699=   ⑧724+138=   ⑨356+ 473=

⑩235+456=

为什么要改变从右至左的习惯算法

　　人们从小到大，习惯的数学算法就是从右至左进行计算，个位上的数字如果超出10就要考虑进位，或者做标记，或者写一个进位的阿拉伯数字，稍稍疏忽就会导致计算结果的错误，所以应该改变一下原来的计算方法，避开进位的问题，避免错误的发生。

　　第二个重要的原因就是自古以来数字都是从左至右来书写的，从左至右只是按照自然方法来计算罢了。

第二节
快速准确之竖式算

 一、速度与正确率测试

① 42+33=   ② 25+39=   ③ 24+65=

④ 54+62=   ⑤ 87+63=   ⑥ 78+77=

⑦ 621+402=   ⑧ 581+725=

⑨ 353+151=   ⑩ 123+654=

答案   用时: _____   正确率: _____%

① 75   ② 64   ③ 89

④ 116   ⑤ 150   ⑥ 155

⑦ 1023   ⑧ 1306   ⑨ 504   ⑩ 777

二、算式解析

在接触竖式算法之前，我们先必须温习一下之前的从左至右的加法算法，从高位到低位一步步算起。事实上，竖式算法和之前接触的从左至右的加法算法有相同的地方。现在，我们就来进行一下学习和比较，看看哪个算法略胜一筹。

19+72=

第一，被加数的十位数和加数的十位数对齐相加，即为1+7=8。

$$
\begin{array}{r}
1\ 9 \\
+7\ 2 \\
\hline
\downarrow \\
8
\end{array}
$$

第二，被加数的个位数和加数的个位数相加，即9+2=11。

$$
\begin{array}{r}
1\ 9 \\
+7\ 2 \\
\hline
\downarrow\quad \\
8\ \ \downarrow \\
1\ 1
\end{array}
$$

第三，数字对齐相加。

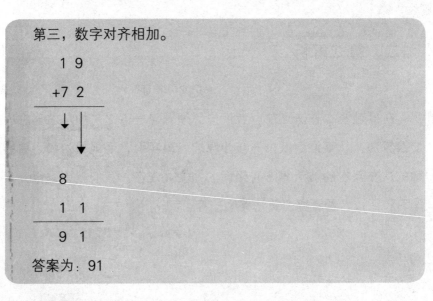

答案为：91

48+76=

第一，被加数的十位数和加数的十位数对齐相加，即4+7=11。

第二，被加数的个位数和加数的个位数对齐相加，即8+6=14。

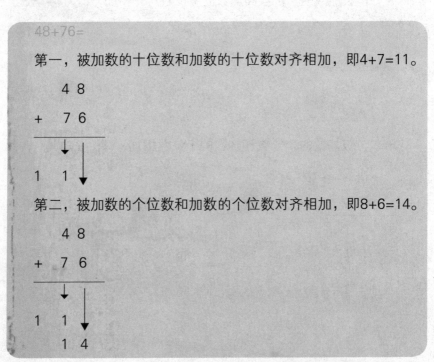

第三，将得数对齐位后相加，即：

```
      4 8
  +   7 6
  ↓     ↓
  1 1  ↓
  +   1 4
      1 2 4
```

答案为：124。

239+174=

第一，将被加数的百位数和加数的百位数对齐相加，即2+1=3。

```
    2 3 9
  + 1 7 4
  ↓   ↓
  3   ↓
```

第二，将被加数的十位数和加数的十位数对齐相加，即3+7=10。

```
    2 3 9
  + 1 7 4
  ↓   ↓
  3  ↓
  1 0
```

第三，将被加数的个位数和加数的个位数对齐相加，即9+4=13。

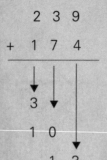

```
    2 3 9
+   1 7 4
    ↓ ↓ ↓
    3
    1 0
      1 3
```

第四，将所有结果对齐相加，即：

```
    2 3 9
+   1 7 4
    ↓ ↓ ↓
    3
    1 0
      1 3
  ─────────
    4 1 3
```

答案为：413。

三、技巧算法详解

竖式算法

第一步：要将数学算式写为竖式。

第二步：将被加数的各个位数的数字和加数的各个位数的数字对

齐，然后开始从高位算起，如果各个位数的数字相加之和大于10，就需要进位。

第三步：将各个部分的结果相加，即为算式的最后结果。

四、速算课堂

在学习了相关的竖式算法后，我们来实践一下吧！

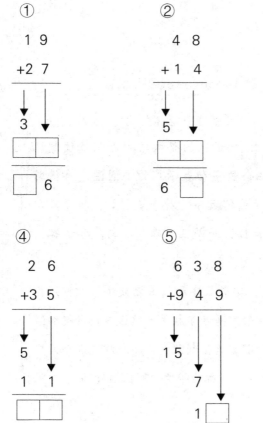

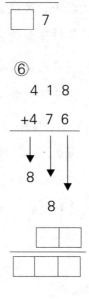

①

```
  1 9
+ 2 7
――――
  ↓ ↓
  3 ↓
┌─┬─┐
└─┴─┘
┌─┐
│ │ 6
└─┘
```

②

```
  4 8
+ 1 4
――――
  ↓ ↓
  5 ↓
┌─┬─┐
└─┴─┘
  ┌─┐
6 │ │
  └─┘
```

③

```
  4 9
+ 3 8
――――
  ↓ ↓
  7 ↓
  1 7
┌─┐
│ │ 7
└─┘
```

④

```
  2 6
+ 3 5
――――
  ↓ ↓
  5 ↓
  1 1
┌─┬─┐
└─┴─┘
```

⑤

```
  6 3 8
+ 9 4 9
――――――
  ↓ ↓ ↓
  1 5 ↓
    7 ↓
      1 ┌─┐
        │ │
        └─┘
  1 5 ┌─┐ 7
      └─┘
```

⑥

```
  4 1 8
+ 4 7 6
――――――
  ↓ ↓ ↓
  8 ↓ ↓
    8 ↓
┌─┬─┐
└─┴─┘
┌─┬─┐
└─┴─┘
```

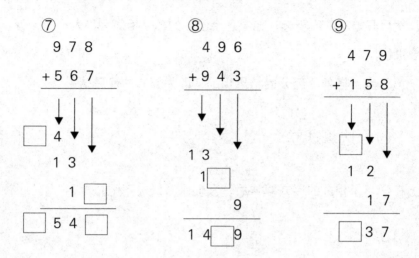

⑦
```
    9 7 8
  + 5 6 7
  ─────────
  □ 4 ↓ ↓
    1 3
    1 □
  ─────────
  □ 5 4 □
```

⑧
```
    4 9 6
  + 9 4 3
  ─────────
    1 3
      1
        9
  ─────────
  1 4 □ 9
```

⑨
```
    4 7 9
  + 1 5 8
  ─────────
  □ ↓ ↓
    1 2
    1 7
  ─────────
  □ 3 7
```

印度数学的发源

在印度，产生于6世纪的整数的十进制位值制记数法，其实是用9个数字和表示零的小圆圈，再借助于位值制便可表示任何数字。对于"零"，印度数学不只是把其看成空位，而是让"零"参与数学运算，这是印度数学的一大贡献。

8世纪的时候，这套数字和位值记数法传入穆斯林国家，被阿拉伯人采用并做了相关的改进。13世纪初经斐波纳契的《算盘书》流传到欧洲，逐渐演变成今天广为利用的1、2、3、4……称为印度—阿拉伯数码。

第三节
简单减法的算法

一、速度与正确率测试

①31－9＝　　②75－6＝　　③64－9＝

④52－7＝　　⑤67－8＝　　⑥95－6＝

⑦79－6＝　　⑧69－7＝　　⑨45－7＝

⑩72－9＝

答案

用时：＿＿＿＿＿＿　　正确率：＿＿＿＿＿＿％

①22　　②69　　③55　　④45　　⑤59

⑥89　　⑦73　　⑧62　　⑨38　　⑩63

二、算式解析

计算两位数与一位数减法的时候，需要把被减数和减数分别化成两部分，而后从高位到低位开始进行计算。现在，就以例题来说明一下。

86-7=

第一步： 将被减数化为某整十数与某数之和，减数则化为某整十数与某数之差。

第二步： 被减数整十数与减数的整十数相减，被减数个位数与减数的个位数则是相加。[注：个位数之所以相加，是因为减数的整十数部分已经有了一个 "−" 号，减数的个位数前面则变成了两个减号，负负得正，所以变为 "+"。（此知识点初中学代数的时候会接触到）]

第三步： 两部分得出的结果相加，即70+9=79。所以，86-7=79。

● 例题演示：

86-7=

86 —→ 80+6

7 —→ 10-3

```
 ↓      ↓
80      6
-10    --3
———    ———
70      9
```

答案为：79。

例 2

92-7=

第一步：92分为90和2两部分；7则分为10和3两部分。

第二步：两个数的十位数相减，个位数相加。即：90-10=80；
2+3=5。

第三步：两部分得出的结果相加，即80+5=85。

◉ 例题演示：

```
92-7=
 ↓      ↓
90      2
10      3
 ↓      ↓
90      2
-10    --3
———    ———
80      5
```

答案为：85。

89-9=

第一步：89分为80与9两部分；9则分为10和1两部分。

第二步：两个数的十位数相减，个位数相加。即：80-10=70；9+1=10。

第三步：两部分得出的结果相加，即70+10=80。

◉ 例题演示：

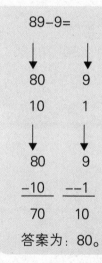

89-9=

80   9

10   1

80   9
−10   −−1
70   10

答案为：80。

三、技巧算法详解

当计算两位数与一位数减法的时候，计算方法如下：

第一步：将被减数与减数都分成两部分。被减数化为某整十数与某数之和，减数则化为10-？（某数）的结果。

第二步：将数字的十位与个位两部分纵向排列并相减，依然是先十位、后个位数进行相减。因运算的需要，整十数相减，个位数则相加。

第三步：将两部分结果相加即为原式的最终结果。

谨记：因为数字10前面已经有一个"−"，减数对10的余数前需要加一个"−"，所以余数的前面就变成了"+"号，所以计算的时候，整十数相减，余数则需要相加。

四、速算课堂

判断以下算式是否正确。

①62−9=？

60	2
−10	−−1

50+3=53

答案为53。

②75−8=？

70	5
−10	−2

60+3=63

答案为63。

③77−9=？

70	7
−10	−−1

60+8=68

答案为68。

④64−7=？

70	6
−10	−−3
60	−3

60+(−3)==57

答案为57。

⑤78−9=？

70	8
−10	−−1
60	9

60+9=69

答案为69。

⑥65−4=？

60	5
−10	−−6
50	11

50+11=61

答案为61。

奇趣数学练一练

减法运算相对加法运算来说，可能有一点小小的难度，为什么呢？因为我们已经习惯了做基本的加法运算。如果是这样的话，我们还是试试用加法来算减法吧！

方法其实很简单，如果是一个简单的减法运算，你可以将被减数当做某个加法算式的结果，将式子换成加法运算，这样计算起来就会很容易了。用图示就可以表示为：

70-7=? —→ ? +7=70 —→ ? 为63

第四节
当某数与11相乘时

在你学习的过程中，你有没有试着去发现数字在做四则运算时所具有的规律呢？那么，你知道某数与11相乘的时候，有什么"魔法"隐藏在里面吗？也许等你知道后，自己会大呼上当。哦！原来这么简单。在发现规律之前，先来测试一下你的计算速度吧！

一、速度与正确率测试

①21×11＝   ②22×11＝   ③23×11＝

④24×11＝   ⑤25×11＝   ⑥26×11＝

⑦134×11＝   ⑧335×11＝   ⑨542×11＝

⑩3724×11＝

答案

用时：＿＿＿＿＿＿   正确率：＿＿＿＿＿＿％

①231   ②242   ③253   ④264   ⑤275

⑥286   ⑦1474   ⑧3685   ⑨5962   ⑩40964

二、算式解析

18 × 11 = 1 [1+8] 8

        1 9 8

答案为：198。

27 × 11 = 2 [2+7] 7

        2 9 7

答案为：297。

642 × 11 = 6 [6+4] [4+2] 2

      6 10 6 2

10需要进位，所以千位数字变为7，百位数字则变为0，十位数字和个位数字保持不变。

答案为：7062。

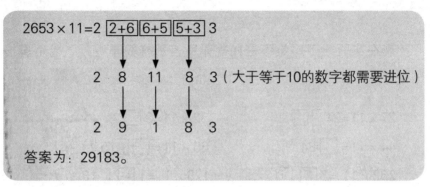

答案为：29183。

三、技巧算法详解

当某数与11相乘的时候，计算方法如下：

如果该数字是两位数字，那么，只需将这个数字的中间空出位置，然后将这个数字的个位数和十位数之和填进空位。

如果是三位数或者多位数与11相乘，则要保持首位和末位数字不变，空出若干位置，个位数与十位数相加，得数写在十位数的位置上；十位数与百位数相加，得数写在百位数上……以此类推，直到加到最后一个数为止。如果所加之和超过10了，就需要进位。

四、速算课堂

现在实验一下，是不是如规律所言那样简单呢？试着心算一下吧！

27 × 11 = 2□□   32 × 11 = 3□2

44 × 11 = □84   65 × 11 = □□5

262 × 11 = 2□□2   123 × 11 = 1□□3

4356 × 11 = 4□91□   12345 × 11 = 1□5□9 5

43215 × 11 = 47□3□5   56782 × 11 = □2460□

第五节
当被乘数为99时

一、速度与正确率测试

① 99 × 32 =　　　　② 99 × 54 =　　　　③ 99 × 47 =

④ 99 × 35 =　　　　⑤ 99 × 54 =　　　　⑥ 99 × 39 =

⑦ 99 × 33 =　　　　⑧ 99 × 27 =　　　　⑨ 99 × 43 =

⑩ 99 × 86 =

答案

用时：＿＿＿＿＿＿　　正确率：＿＿＿＿＿＿%

① 3168　　② 5346　　③ 4653　　④ 3465　　⑤ 5346

⑥ 3861　　⑦ 3267　　⑧ 2673　　⑨ 4257　　⑩ 8514

二、算式解析

　　与数字99相乘的简便算法有两种，我们首先通过例子来简单了解一下：

99×53=

计算方法一：

第一步：53-1=52

第二步：99-52=47

第三步：按顺序合并，答案为5247。

计算方法二：

第一步：53×100=5300

第二步：1×53=53

第三步：5300-53=5247

99×64=

计算方法一：

第一步：64-1=63

第二步：99-63=36

第三步：按顺序合并，答案为6336。

计算方法二：

第一步：64×100=6400

第二步：1×64=64

第三步：6400-64=6336

三、技巧算法详解

当被乘数是99的时候，简便的计算方法有以下两种：

第一种计算方法：

第一步：将乘数去1，得出结果，作为答案的第一部分。

第二步：用99减去第一步得出的结果，算出答案，作为答案的第二部分。

第三步：将两个步骤的结果按顺序合并，即为算式的最后结果。

第二种计算方法：

第一步：100乘以乘数。

第二步：99对100的补数1乘以乘数。

第三步：第一步的结果减去第二步的结果即为算式的最终结果。

四、速算课堂

分别用两种方法对以下算式进行计算。

①99×44=　　　　　②99×65=

③99×67=　　　　　④99×28=

⑤99×16=　　　　　⑥99×54=

第六节
100～110之间的三位数乘法

两个三位数相乘，如果你没有计算器，很可能要在纸上画一阵子才能得出答案。不过，一些特殊的数字，你完全可以扫一眼就能知道答案，这是真的吗？现在，还是来测试一下我们的速度吧！

一、速度与正确率测试

①101×102=　　　②103×104=　　　③104×107=

④106×109=　　　⑤109×101=　　　⑥103×103=

⑦107×106=　　　⑧105×109=　　　⑨103×108=

⑩105×107=

答案　　　用时：_____　　　正确率：_____%

①10302　②10712　③11128　④11554　⑤11009

⑥10609　⑦11342　⑧11445　⑨11124　⑩11235

二、算式解析

你是不是觉得很神奇，不用计算器，却能立即将正确的答案写在纸上。现在就以例子中的算式让你参透三位数与三位数相乘的魔法吧！

103×101=

第一步：被乘数（乘数）加上乘数（被乘数）的个位数，即103+1=104或者101+3=104。

第二步：被乘数的个位数与乘数的个位数相乘，即3×1=3。当两个数的个位数字相乘为个位数时，一定要在得数的前面加"0"。

第三步：将第一步和第二步的结果按顺序进行组合，第一部分结果为104，第二部分结果为03，组合即为10403。

 例题演示：

103×101=

↓　　↓

103+1=104

↓　　↓

3×1=3

答案为：10403。

102 × 107 =

第一步：被乘数加上乘数的个位数或者乘数加上被乘数的个位数，即为102+7=109或者107+2=109。

第二步：被乘数的个位数与乘数的个位数相乘，即2×7=14。

第三步：将上述两个结果按顺序组合，即为10914。

明白了100～110之间的三位数的乘法计算方法后，那么，相信1000～1010之间的四位数乘法也难不倒你，计算方法与100～110的计算方法相同。第一步计算方法不变，只需保证个位数相乘为三位数，如果不是三位数，只需在个位数相乘之积前加"0"或者"00"即可。

三、技巧算法详解

关于100～110之间三位数的乘法，计算方法如下：

第一步：被乘数加上乘数的个位数或者乘数加上被乘数的个位数，作为答案的第一部分。

第二步：被乘数的个位数和乘数的个位数相乘。如果相乘之积为个位数，则需要在个位数前加"0"。

第三步：将得出的结果按顺序进行组合即为原式的最终结果，要记住第二步结果写在第一步结果的后面。

四、速算课堂

分别用两种方法对以下算式进行计算。

①104×107=111 □　　②102×101= □ 02

③102×105= □ 10　　④106×105= □ 30

⑤106×108=114 □　　⑥109×107= □ 63

奇趣数学读一读

　　为什么要用此方法来进行计算呢？写为竖式后，答案立即见分晓！

　　这和之前的计算方法不谋而合，其实就是两部分结果的组合，其中一部分是加法，另一部分是乘法。

$$
\begin{array}{r}
105 \\
\times 109 \\
\hline
945 \\
105 \\
\hline
11445
\end{array}
$$

第七节
巧用整十、整百与整千数

想不想知道下列算式计算的奥秘呢？在知道计算奥秘之前，我们先来测试一下计算速度吧！

 一、速度与正确率测试

①28×32=　　②35×45=　　③46×54=

④16×24=　　⑤17×23=　　⑥25×35=

⑦99×101=　　⑧57×63=　　⑨98×102=

⑩97×103=

答案　　用时：_____　　正确率：_____%

①896　　②1575　　③2484　　④384　　⑤391

⑥875　　⑦9999　　⑧3591　　⑨9996　　⑩9991

二、算式解析

在乘法运算中，如果两个数的中间存在整十数、整百数与整千数，我们完全可以用补数的运算法瞬间求得结果。

28 × 32＝

28 ——→ 2 ←—— 30 ——→ 2 ←—— 32

第一步：被乘数与乘数的中间数为30，将30进行乘方运算，即30×30=900。

第二步：被乘数（乘数）与中间数的差为2，将2进行乘方运算，即2×2=4。

第三步：第一步的结果减去第二步的结果即为最终的结果，即：900−4=896。

99 × 101＝

99 ——→ 1 ←—— 100 ——→ 1 ←—— 101

第一步：被乘数与乘数的中间数为100，将100进行乘方运算，100×100=10000。

第二步：被乘数（乘数）与中间数的差为1，将1进行乘方运算，即1×1=1。

第三步：第一步的结果减去第二步的结果即为最终的结果，即：10000−1=9999。

998×1002=

998 ——→ 2 ←—— 1000 ——→ 2 ←—— 1002

第一步： 被乘数与乘数的中间数为1000，将1000进行乘方运算，即1000×1000=1000000。

第二步： 被乘数（乘数）与中间数的差为2，将2进行乘方运算，即2×2=4。

第三步： 第一步的结果减去第二步的结果即为最终的结果，即：1000000-4=999996。

三、技巧算法详解

两个数字相乘，如果两个数字中间存在整十数、整百数与整千数，计算方法如下：

第一步：找到两个数字中间的整十、整百与整千数，并将其进行乘方运算。

第二步：找到被乘数（乘数）与中间的整十、整百与整千的数字之差，然后进行乘方运算。

第三步：第一步的结果减去第二步的结果，即为算式的最终结果。

四、速算课堂

快速地说出以下数字的中间数，并做相关的运算。

①16×24=

中间数为：

计算过程为：

②27×33=

中间数为：

计算过程为：

③18×22=

中间数为：

计算过程为：

④36×44=

中间数为：

计算过程为

⑤97×103=

中间数为：

计算过程为：

⑥197×203=

中间数为：

计算过程为：

⑦998×1002=

中间数为：

计算过程为：

⑧99×101=

中间数为：

计算过程为：

⑨95×105=

中间数为：

计算过程为：

奇趣数学算一算

电视机对角线的长度

大光家喜迁新居，所有的家具都换成了新的，大光尤其喜欢家里的那个彩色电视机，挂在墙上，几乎占了半面墙壁，观看效果也是一级棒。爷爷摸着电视机说："这个电视机是55英寸的吧？对角线是多少呢？"大光拿起笔来开始算，一英寸是2.54厘米，那55英寸是多少厘米呢？

55×2.54=?

第八节

当除数是7、8、9时

一、速度与正确率测试

①93÷7=   ②37÷7=   ③46÷7=

④47÷8=   ⑤786÷8=   ⑥957÷8=

⑦79÷9=   ⑧69÷9=   ⑨98÷9=

⑩876÷9=

答案

用时：_____   正确率：_____%

①13余2   ②5余2   ③6余4   ④5余7   ⑤98余2

⑥119余5   ⑦8余7   ⑧7余6   ⑨10余8   ⑩97余3

二、算式解析

1.当除数是7的时候，如何计算商和余数呢？

27 ÷ 7 =

第一步：商的第一位数字是被除数27的第一位数字，所以，此算式商的第一位数为2。

第二步：除数7对10的补数是3，用商乘以除数7对10的补数，即2×3=6，将6写在被除数的个位数7的下方。

第三步：将右侧的两个数字相加，即7+6=13，13除以7，商为1余数为6。

第四步：商2加上商1，所以算式27÷7的商为3余数为6。

47 ÷ 7 =

第一步：商的第一位数字是被除数47的第一位数字，所以，此算式商的第一位数为4。

第二步：商乘以除数7对10的补数3，即4×3=12，将12写在被除数的个位数7的下方。

第三步：将右侧的两个数字相加，即7+12=19，19除以7，商为2，余数为5。

第四步：两商相加，即4+2=6，所以算式47÷7的商为6，余数为5。

2.当除数是8的时候，如何计算商和余数呢？

31÷8=

第一步：商的第一位数字是被除数的第一位数字，所以此算式商的第一位数字是3。

第二步：商的第一位数字与除数8对10的补数相乘，即3×2=6，将其写在被除数的个位数的下方。

第三步：将被除数的个位数与计算的积相加，即1+6=7。

第四步：因为得数7不能被8除，所以商仍为3，而余数为7。即31÷8=3余7

47÷8=

第一步：商的第一位数字是被除数的第一位数字，即商的第一位数字为4。

第二步：商的第一位数字与除数8对10的补数相乘，算得之积，即4×2=8，将其写在被除数的个位数的下方。

第三步：将被除数的个位数与算得的积相加，即7+8=15。

第四步：15依然能被8除，得出的商为1，余数为7。

第五步：两商相加，即4+1=5，余数为7。所以47÷8=5余7。

3.当除数是9的时候，如何计算商和余数呢？

25÷9=

第一步：商的第一位数是被除数的第一位数，所以25÷9的商的第一位数字是2。

第二步：商的余数是被除数的各位数字相加之和，即2+5=7。

第三步：所以，25÷9的商为2余数为7。

257÷9=

第一步：商的第一位数是被除数的第一个数，所以257÷9的商的第一位数字是2。

第二步：商的第二位数是被除数的前两位数字相加之和，即2+5=7，所以商的第二位数字为7。

第三步：商的余数则是被除数的各位数字相加之和，即2+5+7=14。因为14还能除以9，除以9后，商为1，余数为5。

第四步：所以，257÷9的商为27+1=28，余数为5。

4567÷9=

第一步：商的第一位数是4567中的第一位数，即为"4"。

第二步：商的第二位数是4567中的第一位数和第二位数的相加之和，即4+5=9。

第三步：商的第三位数是4567中第一位数、第二位数及第三位数的相加之和，即：4+5+6=15，其中"1"需要进位，所以按以上三位数组合商暂时为：505。

第四步：商的余数是4567的四个数字相加之和，即4+5+6+7=22。因为22除以9后，商为2，余数为4。所以算式4567÷9的商为505+2=507，余数为4。

三、技巧算法详解

当除数为7或者8的时候，计算方法如下：

第一步：商的第一位数字是被除数的第一位数字。

第二步：当除数是7的时候，商与除数7对10的补数相乘；当除数是8的时候，商与除数8对10的补数相乘；算得之积写在被除数的个位数下方。

第三步：将被除数的个位数与算出的结果相加，如果得出的结果依然能被7或者8除，则需要重复上述步骤，直到无法再除为止。

第四步：将所有步骤得出的商依次相加，余数则为最终计算所产生的余数。

当除数是9的时候，计算方法如下：

商的第一位数是被除数的第一位数字，商的第二位数是被除数的前两位数字相加之和，商的第三位数字则是被除数前三位数字相加之和，将以上三位数组合即为算式的第一次得到的商。

余数则为被除数的各位数字相加之和。一旦算得的余数大于9的时候，则需要再次除以9，最后将前后两商相加，余数则为最终计算所产生的余数。

四、速算课堂

①34÷9=   ②46÷9=

③62÷9=   ④123÷9=

⑤78÷7=   ⑥95÷8=

⑦79÷8=   ⑧69÷8=

⑨98÷8=   ⑩87÷8=

第二章

开心提高算——中级印度数学

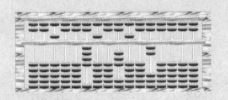

在经过了初级的训练后，我们的计算能力一定又向前迈了一大步。不知道你有没有发现，学习印度数学给了自己全新的娱乐体验，感觉像变魔术般，计算过程容易、简单，而且充满了趣味性。当然，你不可能奢求印度数学会面面俱到。为了自己收获更好的娱乐体验，现在，就开启我们的智慧之门，进入中级印度数学篇吧！

第一节
用格子算加法

一、速度与正确率测试

① 41+23=　　　　② 54+39=　　　　③ 32+65=

④ 36+465=　　　　⑤ 78+566=　　　　⑥ 95+472=

⑦ 1546+3245=　　⑧ 123+456=　　　⑨ 453+375=

⑩ 1264+2128=

答案　　　　用时：_____　　正确率：_____%

① 64　　　② 93　　　③ 97　　　④ 501　　　⑤ 644

⑥ 567　　⑦ 4791　⑧ 579　　⑨ 828　　⑩ 3392

二、算式解析

所谓的格子算，就是先画好格子，然后将两个相加的数字填进格子里。你会发现，一切都那么简单和容易，而且更重要的是不管是两位数字、三位数字，还是多位数字相加，答案都不容易错，这就是格子算法的妙处。事实上，它只是在竖式算法的基础上，加上了横线和竖线而已。横线和竖线的作用是为了对位的时候更加清晰明了，不至于出错。

79+27=

第一步：画出横竖各三条线，把被加数和加数填进格子内，并且要把第一个竖行空出来。

+		7	9
2			
7			

第二步：从高位开始算起，将被加数的十位数和加数的十位数相加后，将得数写在交叉点的格子里，当得数超过10的时候，将个位数写在交叉点的格子里，十位数则写在前边的格子里。即2+7=9。

+		7	9
2		9	
7			

第三步：被加数的十位数和加数的个位数相加，将得数写在交叉点的格子里。如果得数超过10的时候，个位数写在交叉点的格子里，十位数则写在前一竖行的格子里。

+		7	9
2	9		
7	1	6	

第四步： 将各个位数的数字对齐依次相加，依然从最高位往低位进行计算。

+		7	9
2	9		
7	1	6	
	1	0	6

74+127=

第一步： 横线和竖线各画4条，然后将数字填进方格内。当数位不同的时候，一定要在少一位数字的数字前加"0"，才能保证算法的正确。

+	1	2	7
0			
7			
4			

第二步： 从最高位开始相加，被加数的百位和加数的百位数相加，即1+0=1。

+	1	2	7
0	1		
7			
4			

第三步： 被加数的十位数和加数的十位数相加。如果计算所得
的结果是两位数，则需进位。

+		1	2	7
0		1		
7			9	
4				

第四步： 被加数的个位数和加数的个位数相加。74的个位数为
4，127的个位数为7，相加之和等于11，将个位数上
的1写进交叉的格子里，十位数上的1则进位，写进前
一个格子里。

+		1	2	7
0		1		
7			9	
4			1	1

第五步： 将各个位数的数字依次相加。因十位数上的10可以进
位，所以答案为201。

+		1	2	7
0		1		
7			9	
4			1	1

437+264=

第一步：画好格子，将数字先填进格子里。

+		4	3	7
2				
6				
4				

第二步：将被加数的百位数和加数的百位数相加。

+		4	3	7
2		6		
6				
4				

第三步：将被加数的十位数和加数的十位数相加。

+		4	3	7
2		6		
6			9	
4				

第四步：将被加数的个位数和加数的个位数相加。

+		4	3	7
2		6		
6			9	
4			1	1

第五步：将各列格子里的数字依次相加。

+		4	3	7
2		6		
6			9	
4			1	1
		6	10	1

因十位上的数字为10，可以进位，所以答案为701。

总之，凡是两位、三位、四位数的加法都可以用格子算法来进行相关运算。通过例子可以看出，不同位数的数字也可以用格子算法，算起来也比较简单、顺手。不过，一定要将位数凑齐才可以保证结果的正确性哦！

三、技巧算法详解

格子算法：

第一步：画好格子，横线和竖线的数量要在数字位数的基础上加1，且横线竖线数量相同。

第二步：将数字填进格子，且将第一竖行空出来。

第三步：从高位开始算起，两两相加之和填进交叉的格子里；如果所得结果为两位数，则十位数字填进交叉格子前的格子里。

第四步：将计算的结果在同一个竖行里依次相加，得出最终结果。

四、速算课堂

①46+67=

+		4	6
6			
7			

②66+98=

+		9	8
6			
6			

③81+27=

+		8	1
2			
7			

④64+564=

+		5	6	4
0				
6				
4				

⑤789+842=

+		7	8	9
8				
4				
2				

奇趣数学读一读

竖式算法和格子算法的区别在哪儿？

其实，不管是竖式算还是格子算，两者异曲同工。算法相同，唯一不同的就是格子算法在竖式算法的基础上加上几道横线和竖线而已。如果你想要快速计算，就用竖式算法。如果你想保证计算的准确性，就用格子算法，那样在对位的时候，不容易出错误。

第二节
两位数减法的简单算法

一、速度与正确率测试

①93－17＝ ②75－62＝ ③74－29＝

④82－37＝ ⑤66－48＝ ⑥91－69＝

⑦89－37＝ ⑧65－37＝ ⑨92－29＝

⑩87－48＝

 答案

用时：_____ 正确率：_____％

①76 ②13 ③45 ④45 ⑤18

⑥22 ⑦52 ⑧28 ⑨63 ⑩39

二、算式解析

两位数与两位数相减的时候，简便方法和两位数与一位数减法的运算方式相同，同样都是将被减数和减数化成两位数，让其接近整数，依然按照从高位到低位的计算方法来计算。

67-49=

第一步： 将被减数化成两位数，是整十数与某数的和；减数则是化为整十数与某数的差。

67 ⟶ 60+7（被减数化为整十数与某数之和）

49 ⟶ 50-1（减数化为整十数与某数之差）

第二步： 从高位到低位进行计算，被减数的整十数和减数的整十数相减，被减数的个位数和减数的个位数则相加。

$$60 \qquad 7$$
$$-50 \qquad (--1)$$

第三步： 十位和个位上的两部分结果相加之和，即为算式的最终结果。60-50=10；7+1=8，结果为：10+8=18。

$$60 \qquad 7$$
$$\overline{\qquad\qquad\qquad}$$
$$-50 \qquad (--1)$$
$$10 \quad + \quad 8$$

$$\downarrow$$

$$18$$

57-13=

第一步：将被减数化成两位数，化成整十数与某数之和；减数
则是化为整十数与某数之差。

57 —→ 50+7（被减数化为整十数与某数之和）

13 —→ 20-7（减数化为整十数与某数之差）

第二步：从高位到低位进行计算，被减数的整十数与减数的整十
数相减，被减数的个位数与减数的个位数则相加。

50   7

-20   （--7）

第三步：十位和个位上的两部分结果相加之和，即为算式的最
终结果。50-20=30；7+7=14，结果为：30+14=44。

50   7
———————————
-20   （--7）

30   +   14
          ↓
         44

53

34-29=

第一步： 将被减数化成两位数，化成整十数与某数之和；减数
则化为整十数与某数之差。

34 ——→ 30+4（被减数化为整十数与某数之和）

29 ——→ 30-1（减数化为整十数与某数之差）

第二步： 从高位到低位进行计算，被减数的整十数与减数的整十
数相减，被减数的个位数与减数的个位数则相加。

　30　　　　4

－30　　（－－1）

第三步： 十位和个位上的两部分结果相加之和，即为算式的最
终结果。30-30=0；4+1=5，结果为：0+5=5。

　30　　　　4

－30　　（－－1）

　0　　+　　5

　　　　5

三、技巧算法详解

当两位数与两位数相减的时候，计算方法如下：

第一步：将被减数和减数化为两部分：被减数化成整十数与某数之和，减数则化为整十数与某数之差。

第二步：从高位到低位进行计算，化为整十数的两部分数字相减，个位数字则相加。

第三步：两部分结果相加之和即为算式的最终结果。

谨记：用此算法在计算两位数与两位数减法的时候，被减数的整十数和减数的整十数相减，被减数的个位数和减数的个位数则相加。此知识点在初中学代数后会接触到，就是所谓的负负得正。

四、速算课堂

运用上述算法来算一下下面的数学式吧！

①56-17=　　　　②76-58=

③61-26=　　　　④35-17=

⑤68-34=　　　　⑥94-48=

⑦69-34=　　　　⑧81-72=

⑨78-29=　　　　⑩55-46=

第三节
除法的化零为整与数字变小

一、速度与正确率测试

① 234÷25=　　　② 145÷15=　　　③ 146÷35=

④ 447÷45=　　　⑤ 778÷25=　　　⑥ 195÷24=

⑦ 79÷8=　　　⑧ 91÷20=　　　⑨ 198÷24=

⑩ 187÷8=

答案　　　　用时：_____　　正确率：_____%

① 9余9　② 9余10　③ 4余6　④ 9余42　⑤ 31余3

⑥ 8余3　⑦ 9余7　⑧ 4余11　⑨ 8余6　⑩ 23余3

二、算式解析

1.化零为整

2474÷5=

　　被除数的个位数字是4，肯定除不尽，最好的方法是将被除数和除数分别乘以2。

第一步：将被除数和除数分别乘以2，被除数变成了2474×2，除数则变为5×2=10。

第二步：把第一步中被除数缩小10倍，式子4948÷10就变成了

494.8÷1

$$= \frac{4940+8}{10}$$

$$=494+\frac{8}{10}$$

$$=494+\frac{4}{5}$$

所以答案为：商为494，余数为4

835÷25=

第一步：当遇到这样的数字的时候，最好选择一个比较好的被除以的数字进行计算，比如，将被除数和除数分别乘以4，即835×4=3340，25×4=100。

第二步：把第一步中被除数和除数分别乘以4后得出的结果再相除，即为算式的最终结果。

即：3340÷100=33.4

例3

1835÷45=

第一步：将被除数和除数分别乘以2，被除数变成了1835×2=3670，除数则变为45×2=90。

第二步：被除数和除数分别缩小10倍，则第一步得到的算式3670÷90就变成了367÷9。

第三步：运用印度数学有关除数是9的除法算法，就可以轻易地得出答案。所以1835÷45的结果：商为40，余数为7。

2.数字变小

被除数和除数的数字较大的时候，如果直接进行除法计算就会很容易出现算错的情况，最好的办法就是将被除数和除数分别变小，这样算起来更简单。

例1

368÷8=

第一步：因为被除数和除数都为偶数，所以可将其分别除以2，算式则变为184÷4。

第二步：由于被除数和除数仍都是偶数，所以还可以将其分别再除以2，则算式变为92÷2。

第三步：计算结果。所以368÷8的最终结果为46。

3328÷36=

第一步：被除数和除数分别除以2，则原算式就变为1664÷18。

第二步：被除数和除数还可以再除以2，再一次变小，所以
1664÷18就变为了832÷9。

第三步：运用印度数学有关除数是9的除法算法，就可以得出正确
答案。所以3328÷36的最终结果为商为92，余数为4。

1025÷25=

第一步：因为25的平方根为5，所以可以写为5×5，1025÷25
就可以变为1025÷（5×5）。

第二步：将数学式展开来运算，1025÷（5×5）就可以变为
1025÷5÷5。

第三步：1025÷5=205；205÷5=41则结果为商等于41。

三、技巧算法详解

在做除法运算的时候，如果数字较大或者不易进行除法的时

候，可以将数字简化。简化方法的其中一种是化零为整，将被除数和除数分别乘以一个数字之后，变成整十数或者整百数，计算起来比较简单。

当数字很大的时候，可以将被除数和除数都除以相同的数字后，数字就相应地变小，可以进一步简化计算难度。

四、速算课堂

用化零为整的方法进行计算。

①651÷5=

②452÷5=

③565÷5=

④1145÷5=

⑤1385÷5=

将数字变小进行计算。

① 228÷4=

② 344÷8=

③ 750÷25=

第四节
以基数10及20的简单乘法

不管是小于10的两个数字还是大于10的两个数字，在相乘的时候，都能运用印度数学中的特殊算法来进行相关的计算。两者的计算方法大同小异，只要灵活掌握，相信你的计算能力会飞速提高。那么，印度数学运算的奥秘是什么呢？先保密，我们暂且来做一下相关的测验。学完本节后，再考考自己的计算能力有没有飞速提高吧！

一、速度与正确率测试

①$4 \times 9 =$　　②$9 \times 6 =$　　③$7 \times 8 =$　　④$15 \times 19 =$

⑤$12 \times 16 =$　　⑥$11 \times 7 =$　　⑦$14 \times 13 =$　　⑧$17 \times 16 =$

⑨$14 \times 17 =$　　⑩$15 \times 13 =$

答案　　用时：_____　　正确率：_____％

①36　　②54　　③56　　④285　　⑤192

⑥77　　⑦182　　⑧272　　⑨238　　⑩195

二、算式解析

4×9=

第一步:	原数	与10的负余数
	4	−6（10−6=4）
	9	−1（10−1=9）
第二步:	对角线交叉相减之差	两个负余数相乘之积
	3（代表的是30）	6

第三步: 两部分结果错位相加之和就是算式的最终结果，即

30+6=36。

15×13=

第一步:	原数	与10的余数
	15	+5（10+5=15）
	13	+3（10+3=13）
第二步:	对角线交叉相加之和	两个余数相乘之积
	18	15

第三步: 两部分结果错位相加之和就是算式的最后结果，即

180+15=195。

14×19=

第一步：原数　　　　　　与10的余数

14　　　　　　　　　+4（10+4=14）

19　　　　　　　　　+9（10+9=19）

第二步：对角线交叉相加之和　　两个余数相乘之积

19+4=23　　　　　　　　36

第三步：两部分结果错位相加之和就是算式的最后结果，即
230+36=266。

17×19=

第一步：原数　　　　　　　与20的负余数

17　　　　　　　　　−3（20−3=17）

19　　　　　　　　　−1（20−1=19）

第二步：对角线交叉相减之差　　两个负余数相乘之积

16　　　　　　　　　　3

第三步：因为以20为基数，在对角线交叉相减后，还要将结果
乘以2，即16×2=32。两部分结果错位相加之和就是
算式的最后结果，即320+3=323。

19 × 13 =

第一步：原数　　　　　　　　与20的负余数

19　　　　　　　　　　－1（20－1＝19）

13　　　　　　　　　　－7（20－7＝13）

第二步：对角线交叉相减之差　　两个负余数相乘之积

12　　　　　　　　　　7

第三步：因为以20为基数，在对角线交叉相减后，还要将其乘

以2，即12×2＝24。两部分结果错位相加之和就是算

式的最后结果，即240＋7＝247。

三、技巧算法详解

如果是小于10的两位数相乘：

第一步：将被乘数和乘数并排写在左边。

第二步：分别算出被乘数和乘数与10之间的负余数，分别写在

数字的右边。

第三步：分别按对角线交叉相减之差得结果①；两个余数相乘之积

得结果②。

第四步：两部分结果错位相加之和即为算式的最终结果。如果

两余数相乘之积超过10的时候，只需正常进位就可以了。

如果是大于10的两位数相乘：

第一步：将被乘数和乘数并排写在左边。

第二步：分别算出被乘数和乘数与10之间的余数或者与20之间的负余数，分别写在数字的右边。

第三步：对角线交叉相加之和（或相减之差）得出结果；两个余数相乘，得出结果。

第四步：两部分结果错位相加之和即为算式的最终结果。如果两个余数的相乘之积为两位数，则个位数保留，十位数则需要进位。

不过，值得一提的是，一旦以20为基数来计算的时候，对角线交叉相加之和或相减之差的结果需要乘以2，才可以与余数结果相乘之积错位相加。

四、速算课堂

运用基数10来算简单的乘法。

①$7 \times 9 =$

原数	与10的负余数
7	_____
×	
9	_____

交叉算减法之差为：_____

两负余数相乘之积为：_____

答案为：63

②12×13=

原数	与10的余数
12	_____
×	
13	+3

交叉算加法之和为：_____

两余数相乘之积为：_____

答案为：_____

③19×13=

原数	与10的余数
19	+9
×	
13	+3

交叉算加法之和为：22

两余数相乘之积为：_____

答案为：_____

④15×12=

原数	与20的负余数
15	−5
×	
12	−8

交叉算减法之差为：＿＿＿＿＿＿＿

交叉相减之差乘以2，结果为：＿＿＿＿＿＿＿

两负余数相乘之积为：40

答案为：＿＿＿＿＿＿＿

⑤16×18＝

原数	与20的负余数
16	−4
×	
18	＿＿＿＿＿＿

交叉算减法之差为：＿＿＿＿＿＿＿

交叉相减之差再乘以2，结果为：＿＿＿＿＿＿＿

两负余数相乘之积为：＿＿＿＿＿＿＿

答案为：288

⑥17×18＝

原数	与10的余数
17	+7
×	
18	＿＿＿＿＿＿

交叉算加法之和为：25

两余数相乘之积为：＿＿＿＿＿＿＿

答案为：306

你有没有仔细想过有关奇数的有趣之处，那就是连续的奇数相加之和为某数的平方数。从1开始来验证一下：

$1+3=4=2 \times 2=2^2$

$1+3+5=9=3 \times 3=3^2$

$1+3+5+7=16=4 \times 4=4^2$

$1+3+5+7+9=25=5 \times 5=5^2$

$1+3+5+7+9+11=36=6 \times 6=6^2$

第五节
基数50与100的妙用

一、速度与正确率测试

①93×87＝　　②78×98＝　　③97×86＝

④82×74＝　　⑤91×78＝　　⑥48×43＝

⑦45×49＝　　⑧54×56＝　　⑨63×67＝

⑩46×49＝

答案　　用时：＿＿＿＿＿＿　　正确率：＿＿＿＿＿＿％

①8091　②7644　③8342　④6068　⑤7098

⑥2064　⑦2205　⑧3024　⑨4221　⑩2254

二、算式解析

以基数100与50计算乘法的时候，和以10或者20计算乘法的方法相同。现在，就以例子来解释这一算法。

1.以基数为100的乘法

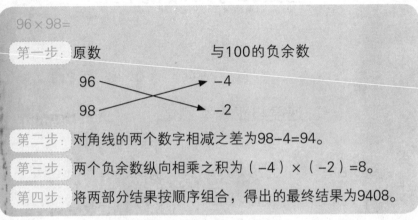

96×98=

第一步：原数　　　　　　　与100的负余数

96　　　　　　　　−4
98　　　　　　　　−2

第二步：对角线的两个数字相减之差为98−4=94。

第三步：两个负余数纵向相乘之积为（−4）×（−2）=8。

第四步：将两部分结果按顺序组合，得出的最终结果为9408。

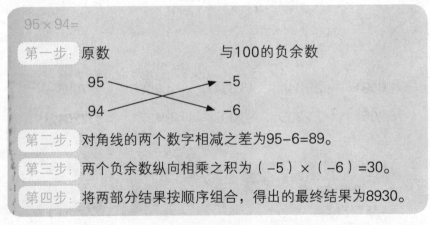

95×94=

第一步：原数　　　　　　　与100的负余数

95　　　　　　　　−5
94　　　　　　　　−6

第二步：对角线的两个数字相减之差为95−6=89。

第三步：两个负余数纵向相乘之积为（−5）×（−6）=30。

第四步：将两部分结果按顺序组合，得出的最终结果为8930。

$85 \times 93 =$

第一步：原数　　　　　　　与100的负余数

$85 \longrightarrow -15$

$93 \longrightarrow -7$

第二步：对角线的两个数字相减之差为85-7=78。

第三步：两个负余数纵向相乘之积为（-15）×（-7）=105。

第四步：因为是以100为基数来计算的，当余数为三位数的时候，需要进位，所以，保留"05"，将"1"进位。

第五步：即78+1=79，所以将两部分结果按顺序组合，得出的的最终结果为7905。

$106 \times 109 =$

第一步：原数　　　　　　　与100的余数

$106 \longrightarrow +6$

$109 \longrightarrow +9$

第二步：对角线的两个数字相加之和为109+6=115。

第三步：两个余数纵向相乘之积为9×6=54。

第四步：将两部分结果按顺序组合，所以得出的最终结果为11554。

2.以基数为50的乘法

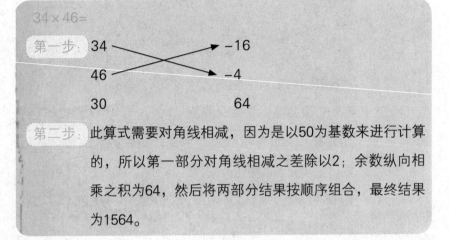

第二步：此算式需要对角线相减，因为是以50为基数来进行计算的，所以第一部分对角线相减之差除以2；余数纵向相乘之积为64，然后将两部分结果按顺序组合，最终结果为1564。

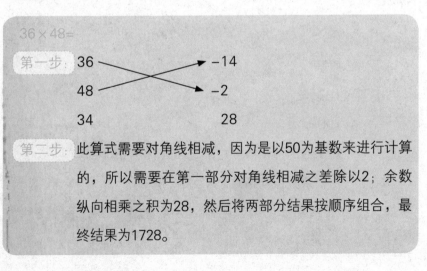

第二步：此算式需要对角线相减，因为是以50为基数来进行计算的，所以需要在第一部分对角线相减之差除以2；余数纵向相乘之积为28，然后将两部分结果按顺序组合，最终结果为1728。

$47 \times 49 =$

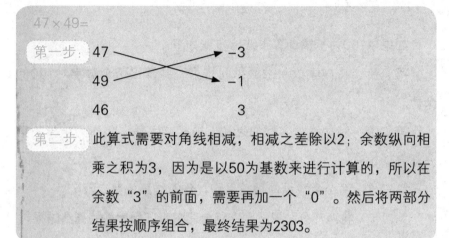

第一步：
47 —— -3
49 —— -1
46   3

第二步：此算式需要对角线相减，相减之差除以2；余数纵向相乘之积为3，因为是以50为基数来进行计算的，所以在余数"3"的前面，需要再加一个"0"。然后将两部分结果按顺序组合，最终结果为2303。

$36 \times 38 =$

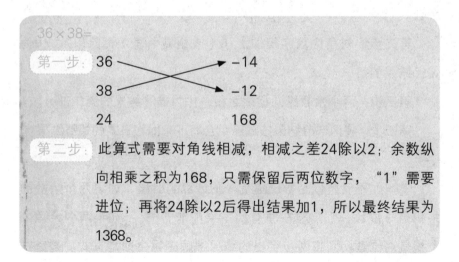

第一步：
36 —— -14
38 —— -12
24   168

第二步：此算式需要对角线相减，相减之差24除以2；余数纵向相乘之积为168，只需保留后两位数字，"1"需要进位；再将24除以2后得出结果加1，所以最终结果为1368。

三、技巧算法详解

如果以100为基数计算乘法，步骤如下：

第一步：将被乘数和乘数纵向排列，并算出两个数字对100的余数。

第二步：对角线数字相加之和（或相减之差），作为结果的第一部分。

第三步：两个余数纵向相乘之积，作为结果的第二部分。

第四步：将两部分结果按顺序组合写下来即为算式的最终结果。

如果以50为基数计算乘法，步骤如下：

第一步：将被乘数和乘数纵向排列，并算出两个数字对50的余数。

第二步：对角线数字相加之和（或相减之差）再除以2，作为最终结果的第一部分。

第三步：两个余数纵向相乘之积，作为最终结果的第二部分。

第四步：将两部分结果按顺序组合写下来即为算式的最终结果。

谨记：不管是以基数50还是100计算的时候，如果两个余数的乘积是一位数，则需要在原有的结果前加"0"；如果两个余数的乘积是两位数，则将两步得出的结果按顺序组合即是算式的最终结果；如果两个余数相乘后，乘积是三位数，则个位数和十位数保留，百位数则需要进位。

四、速算课堂

①48×46=   ②36×46=

③56×54=   ④96×84=

⑤98×99=   ⑥106×109=

⑦105×107=   ⑧116×115=

奇趣数学练一练

你想不想知道哪些数字可以被9整除？告诉你一个简单至极的方法，那就是当你把被除数的个位、十位等数字拆开后，再进行相加，如果它们的和能够被9整除，那么，这个被除数也同样可以被9整除。

如5769，拆开后是5+7+6+9=27，且2+7=9，所以数字5769可以被9整除。

如12339，拆开后的数字为1+2+3+3+9=18，且1+8=9，所以12339可以被9整除。

第六节
以基数1000计算乘法

 一、速度与正确率测试

① 939 × 897 =　　② 789 × 987 =　　③ 997 × 869 =

④ 982 × 974 =　　⑤ 991 × 978 =　　⑥ 1048 × 1023 =

⑦ 1011 × 1097 =　　⑧ 1099 × 1056 =　　⑨ 1132 × 1105 =

⑩ 1098 × 1099 =

答案　　用时：_____　　正确率：_____ %

① 842283　　② 778743　　③ 866393　　④ 956468

⑤ 969198　　⑥ 1072104　　⑦ 1109067　　⑧ 1160544

⑨ 1250860　　⑩ 1206702

二、算式解析

998×997=

第一步: 原乘数　　　　　　　与1000的负余数

998　　　　　　　　　　　-2

×

997　　　　　　　　　　　-3

第二步: 998-3=995或者997-2=995

第三步: (-2)×(-3)=6。所以998×997的最终结果为995006

975×997=

第一步: 原乘数　　　　　　　与1000的负余数

975　　　　　　　　　　　-25

×

997　　　　　　　　　　　-3

第二步: 997-25=972或者975-3=972

第三步: (-25)×(-3)=75。所以975×997的最终结果为

972075

1034×1003=

第一步：原乘数　　　　　　　与1000的余数

1034　　　　　　　　　　　+34

×

1003　　　　　　　　　　　+3

第二步：1003+34=1037或者1034+3=1037

第三步：34×3=102。所以1034×1003的最终结果为1037102

1110×1010=

第一步：原乘数　　　　　　　与1000的余数

1110　　　　　　　　　　　+110

×

1010　　　　　　　　　　　+10

第二步：1010+110=1120或者1110+10=1120

第三步：110×10=1100。所以1110×1010的最终结果为1121100

三、技巧算法详解

计算以1000为基数的三位数乘法，方法如下：

第一步：将被乘数和乘数纵向排列，分别算出与1000的正余数或者负余数。

第二步：对角线交叉相加或者相减。如果是正余数，则对角线交叉相加之和；如果是负余数，则对角线交叉相减之差，即为结果的第一部分。

第三步：两个余数纵向相乘之积作为结果的第二部分。

第四步：将两部分结果按顺序组合即为算式的最终结果。

谨记：当以1000为基数的两个数字相乘的时候，如果两个余数相乘之积为三位数，则两部分结果按顺序组合即可；如果两个余数相乘之积不足三位数，则需要将其补为三位数，应该在余数前加"0"；如果两个余数相乘之积超出三位数，则需要将其进位，才能保证运算结果的正确。

四、速算课堂

①900×960=　　　　②980×979=

③987×999=　　　　④958×873=

⑤975×957=　　　　⑥1003×1100=

⑦1005×1007=

第七节
围绕10展开的乘法运算

一、速度与正确率测试

① 14 × 16 =   ② 25 × 25 =   ③ 42 × 48 =

④ 43 × 47 =   ⑤ 26 × 24 =   ⑥ 58 × 52 =

⑦ 36 × 76 =   ⑧ 87 × 27 =   ⑨ 65 × 45 =

⑩ 33 × 73 =

答案   用时：_____   正确率：_____ %

① 224   ② 625   ③ 2016   ④ 2021   ⑤ 624

⑥ 3016   ⑦ 2736   ⑧ 2349   ⑨ 2925   ⑩ 2409

二、算式解析

当两位数与两位数相乘的时候，有特殊情况时，就需要用特殊算法。一种是个位数相同，十位数相加之和得10；另一种是个位数相加之和得10，十位数相同时。因情况不同，所用的计算方法也不一样。

1. 第一种情况：个位数相同，十位数相加之和得10时

36×76=

第一步：（3×7）+6=27

第二步：6×6=36

第三步：按顺序组合，答案为2736。

12×92=

第一步：（1×9）+2=11

第二步：2×2=4

第三步：按顺序组合，答案为1104。

65×45=

第一步：（4×6）+5=29

第二步：5×5=25

第三步：按顺序组合，答案为2925。

2. 第二种情况：个位数相加之和得10，十位数相同时

82×88=

第一步：8×（8+1）=72

第二步：2×8=16

第三步：按顺序组合，答案为7216。

37×33=

第一步：3×（3+1）=12

第二步：3×7=21

第三步：按顺序组合，答案为1221。

46×44=

第一步：4×（4+1）=20

第二步：4×6=24

第三步：按顺序组合，答案为2024。

三、技巧算法详解

个位数相同，十位数相加之和得10的时候，计算方法如下：

第一步：被乘数的十位数和乘数的十位数两两相乘之积，再加上相同的个位数。

第二步：被乘数的个位数和乘数的个位数相乘。

第三步：将两个算式的结果按顺序组合即为原算式的最终结果。

个位数相加之和得10，十位数相同时，计算方法如下：

第一步：相同的十位数乘以比其大1的数字。

第二步：被乘数的个位数和乘数的个位数相乘。

第三步：将两个算式的结果按顺序组合即为原算式的最终结果。

切记：个位数的乘积要写在十位数乘积的后面。

四、速算课堂

①99×19＝

第一步：

第二步：

按顺序组合，答案为：

②87×27＝

第一步：

第二步：

按顺序组合，答案为：

③78×72＝

第一步：

第二步：

按顺序组合，答案为：

④72×32＝

第一步：

第二步：

按顺序组合，答案为：

⑤69×49＝

第一步：

第二步：

按顺序组合，答案为：

⑥27×23＝

第一步：

第二步：

按顺序组合，答案为：

奇趣数学练一练

个位数相加得10，十位数相同或者个位数相同，十位数相加得10的情况，从11开始算起，一共有45组，去掉被乘数与乘数相同的情况，一共有三十六组，也就是说，只要掌握了这两个技巧，你就能很快地算出很多两位数与两位数的乘法哦！这些数字都有哪些呢？回忆一下它们的计算方法是什么？

11×19，12×18，13×17，14×16，15×15

21×29，22×28，23×27，24×26，25×25

31×39，32×38，33×37，34×36，35×35

……

11×91，21×81，31×71，41×61，51×51

12×92，22×82，32×72，42×62，52×52

13×73，23×83，33×73，43×63，53×53

……

第八节
ab × *ac*的印度算法

十位数相同而个位数不同的两个数相乘时，如何计算呢？其实，计算方法很简单。如同所有的计算方法一样，会让你体会到计算的乐趣。现在，我们先来简单地测试一下自己的计算速度和正确率吧！

一、速度与正确率测试

①17×16=   ②23×25=   ③26×24=

④36×32=   ⑤41×47=   ⑥42×46=

⑦58×54=   ⑧65×69=   ⑨87×82=

答案   用时：_____   正确率：_____%

①272   ②575   ③624   ④1152   ⑤1927

⑥1932   ⑦3132   ⑧4485   ⑨7134

二、算式解析

24×28=

第一种计算方法：

第一步：20×20=400（是"20"，而不是"2"）。

第二步：（4+8）×20=240。

第三步：4×8=32。

第四步：400+240+32=672。

第二种计算方法：

第一步：被乘数加上乘数的个位数之和再乘以两个数的整十数之积，24与28的整十数为20，即（24+8）×20=640。

第二步：被乘数的个位数和乘数的个位数相乘之积，即4×8=32。

第三步：将两个结果相加之和为算式的最终结果，即640+32=672。

37×36=

第一种计算方法：

第一步：两个整十数相乘之积，37与36的整十数为30，即30×30=900（是"30"，而不是"3"）。

第二步：被乘数的个位数和乘数的个位数相加之和再乘以两数的整十数之积，即（7+6）×30=390。

第三步：被乘数的个位数和乘数的个位数相乘之积，即6×7=42。

第四步：将三个结果相加之和即为计算结果，即900+390+42=1332。

第二种计算方法：

第一步：37+6=43（被乘数加上乘数的个位数之和）。

第二步：43×30=1290（第一步得出的结果乘以两个数的整十数之积，37与36的整十数为30）。

第三步：6×7=42（被乘数的个位数和乘数的个位数相乘之积）。

第四步：第二步与第三步结果相加之和即为算式的最终结果，即1290+42=1332。

46×43=

第一种计算方法：

第一步：40×40=1600（是"40"，而不是"4"）。

第二步：（6+3）×40=360。

第三步：6×3=18。

第四步：1600+360+18=1978。

第二种计算方法：

第一步：46+3=49（被乘数加上乘数的个位数之和）。

第二步：49×40=1960（第一步得出的结果乘以两个数的整十数之积，46与43的整十数为40）。

第三步：6×3=18（被乘数的个位数与乘数的个位数相乘之积）。

第四步：第二步与第三步结果相加之和即为算式的最终结果，即1960+18=1978。

68×69=

第一种计算方法：

第一步：60×60=3600（是"60"，而不是"6"）

第二步：（8+9）×60=1020

第三步：8×9=72

第四步：3600+1020+72=4692

第二种计算方法：

第一步：68+9=77（被乘数加上乘数的个位数之和）

第二步：77×60=4620（第一步得出的结果乘以两个数的整十数之积，68与69的整十数为60）。

第三步：8×9=72（被乘数的个位数与乘数的个位数相乘之积）

第四步：第二步与第三步结果相加之和即为算式的最终结果，即4620+72=4692。

三、技巧算法详解

十位数相同，而个位数不同的两个数相乘的时候，简便的计算方法有两种：

第一种：

第一步：被乘数与乘数的十位的整十数相乘之积，得出结果①。

第二步：被乘数与乘数的个位数相加之和再乘以整十数，得出结果②。

第三步：被乘数与乘数的个位数相乘之积，得出结果③。

第四步：将前三者的结果按顺序相加之和即为算式的最终结果。

第二种：

第一步：将被乘数与乘数的个位数相加得出结果。

第二步：第一步得出的结果与这两个数的整十数相乘。

第三步：两个数的个位数相乘。

第四步，将第二步和第三步得出的结果依次相加即为算式的最终结果。

四、速算课堂

①45×49=

第一步结果：_____

第二步结果：_____

第三步结果：_____

第四步结果：_____

②32×37=

第一步结果：_____

第二步结果：_____

第三步结果：_____

第四步结果：_____

③25×24=

第一步结果：_____

第二步结果：_____

第三步结果：_____

第四步结果：_____

④56×51=

第一步结果：_____

第二步结果：_____

第三步结果：_____

第四步结果：_____

⑤92×95=

第一步结果：_____

第二步结果：_____

第三步结果：_____

第四步结果：_____

⑥83×86=

第一步结果：_____

第二步结果：_____

第三步结果：_____

第四步结果：_____

奇趣数学算一算

研究表明，从1吨废弃的手机中能提取到的物质包括：3公斤银、100公斤铜以及150克黄金。而全球每年废弃的手机约有4亿部，中国就有1亿部，这1亿部废弃的手机重达1万吨，若回收处理，能够回收多少铜、多少银、多少金呢？

第九节
15×15答案张口就来

你想不想张口就能算出像15×15、25×25、35×35这样特殊数字的两位数乘法呢？你是不是迫不及待地想知道到底应该如何才能做到呢？别着急，我们先来测试一下你的速度吧！

一、速度与正确率测试

①15×15=　　②25×25=　　③35×35=

④45×45=　　⑤55×55=　　⑥65×65=

⑦75×75=　　⑧85×85=　　⑨95×95=

答案　　用时：_____　　正确率：_____%

①225　　②625　　③1225　　④2025　　⑤3025

⑥4225　　⑦5625　　⑧7225　　⑨9025

越玩越聪明的印度数学全集

二、算式解析

现在，我们就以例题的形式对此进行相关的解析。

25×25=

第一步：十位数字乘以比其大1的数字，得出之积，即2×（2+1）=6

第二步：将25写在数学算式的末尾。

第三步：两个步骤按顺序进行组合，即是答案，所以最后答案为：625。

45×45=

第一步：十位数字乘以比其大1的数字，得出之积，即4×（4+1）=20

第二步：将25写在数学算式的末尾。

第三步：两个步骤按顺序进行组合，即是答案，所以最后答案为：2025。

三、技巧算法详解

当个位数是5的某个数字，在运算乘方的时候，计算方法如下：

第一步：十位数字乘以比其大1的数字，得出之积，作为答案的第一部分。

第二步：将25写在数学算式的末尾，作为答案的第二部分。

第三步：两部分答案按顺序进行组合，即是算式的最终答案。

四、速算课堂

①25×25=

第一步：_____

第二步：_____

组合答案为：_____

②35×35=

第一步：_____

第二步：_____

组合答案为：_____

③75×75=

第一步：_____

第二步：_____

组合答案为：_____

④95×95=

第一步：_____

第二步：_____

组合答案为：_____

奇趣数学读一读
关注地球，制造绿色

世界上人均绿地面积最多的国家是芬兰，年造林人均达0.38亩。绿化最好的城市是波兰首都华沙，人均占有绿地达73.5平方米。森林保护最好的国家是德国。森林覆盖率增长最快的国家是法国。森林覆盖率最低的国家是非洲的埃及，仅十万分之一。

绿色就意味着希望，越来越多的国家开始关注我们生存的地球。环境的优美与否直接决定着人的生存质量。试想：某个城市的每所中学植树15棵，十五所中学一年植树多少棵呢？

第三章

愉悦拔高算——高级印度数学

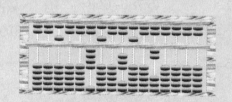

在经过基础算法和中级算法之后，有没有觉得自己在做数学心算的时候，信手拈来，记忆力越来越好，速度越来越快？的确，在经过一段时间的学习实践后，很多技巧的算法，你已经大致知晓。不过，经过了初级和中级的学习还远远不够，你需要做的就是进入印度数学心算的高级阶段。你会发现印度数学计算方法大不相同，交叉法、网格计算法、结网记数，就像变魔术一样神奇！

第一节
快速准确的三位数减法算法

 一、速度与正确率测试

①734-417=　　　②275-162=　　　③486-329=

④672-337=　　　⑤786-658=　　　⑥937-639=

⑦579-287=　　　⑧669-237=　　　⑨918-768=

⑩456-275=

答案

用时：＿＿＿＿＿　正确率：＿＿＿＿＿%

| ①317 | ②113 | ③157 | ④335 | ⑤128 |
| ⑥298 | ⑦292 | ⑧432 | ⑨150 | ⑩181 |

367-159=

第一步：将被减数与减数都化为某整百数与某数之和，即367化

为300与67，159则化为100与59。

367 ⟶ 300+67

159 ⟶ 100+59

第二步：将减数除了百位之外的数字化为某整十数与某数之差。

59 ⟶ 60-1

第三步：被减数与减数的百位数字相减，再减去减数的某整十数

之差。

300-100-60=140

第四步：被减数除了百位以外的数字与减数除了百位、十位数

字之外的数字相加之和。

67+1=68

第五步：将第三步和第四步的得数相加之和，即是算式的最终

结果。

140+68=208

765-436=

第一步：将被减数与减数都化为某整百数与某数之和，即765化

为700和65，436则化为400与36。

765 ⟶ 700+65

436 ⟶ 400+36

第二步：将减数除了百位之外的数字化为某整十数与某数之差。

36 ⟶ 40-4

第三步：被减数与减数的百位数字相减，再减去减数的某整十数

之差。

700-400-40=260

第四步：被减数除了百位以外的数字与减数除了百位、十位数

字之外的数字相加之和。

65+4=69

第五步：将第三步和第四步的得数相加之和，即是算式的最终

结果。

260+69=329

三、技巧算法详解

当涉及三位数减法的时候，计算方法如下：

第一步：将两个三位数都化成某整百数与某数之和。

第二步：将减数除了整百以外的数字化成某整十数与某数之差。

第三步：被减数的整百数减去减数的整百数与整十数之差。

第四步：被减数除了整百数之外的数字与减数除了百位、十位数字之外的数字相加之和。

第五步：将第二步和第四步的结果相加之和即是算式的最终结果。

四、速算课堂

①453-258=　　②679-372=　　③542-439=

④268-124=　　⑤567-231=　　⑥457-156=

奇趣数学算一算

地球圆周在赤道附近大约为4万千米，地球以24小时自转一周，那么，说说看，地球自转的时速是多少？地球绕着太阳公转1小时，大约转了107244千米，它每秒的速度是多少？

第二节
用面积计算乘积

一、速度与正确率测试

① 18×22=   ② 24×35=   ③ 16×24=

④ 19×23=   ⑤ 47×53=   ⑥ 92×65=

⑦ 47×62=   ⑧ 36×58=   ⑨ 38×17=

答案   用时：_____   正确率：_____%

① 396   ② 840   ③ 384   ④ 437   ⑤ 2491

⑥ 5980   ⑦ 2914   ⑧ 2088   ⑨ 646

二、算式解析

两位数与两位数相乘的时候，如何才能更快、更迅速地得出答案呢？这里，我们介绍一个运用面积来算乘法的简单方法。一般来说，两位数的乘法可以将其分成四部分来计算，我们画图来解释更为直观。

27×49=

第一步：算一算这个长方形的面积，你可以将其切割成四部分。长度切割为40和9两部分，宽度则切割为20和7两部分。那么，此长方形的面积则为：40×20、20×9、40×7及7×9四部分。长方形的面积则为以下四部分的面积之和：

40×20=800

20×9=180

7×40=280

7×9=63

800+180+280+63=1323

第二步：现以$ab×cd$来对上述算式进行一下简化：

$a×c×100$

$a×d×10$

$b×c×10$

$b×d$

$a×c×100+a×d×10+b×c×10+b×d$

第三步：现在，我们将27×49代进去：

$2×4×100=800$

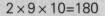

$2 \times 9 \times 10 = 180$

$7 \times 4 \times 10 = 280$

$7 \times 9 = 63$

$800 + 180 + 280 + 63 = 1323$

三、技巧算法详解

用面积算法算两位数的乘法，计算方法如下：

第一步：被乘数的十位数和乘数的十位数相乘之积再乘以100。

第二步：被乘数的十位数乘以乘数的个位数之积再乘以10。

第三步：被乘数的个位数乘以乘数的十位数之积再乘以10。

第四步：被乘数的个位数和乘数的个位数相乘之积。

第五步：上述四步结果相加之和即为算式的最终答案。

四、速算课堂

运用面积算法来计算下面的算式。

① $23 \times 32 =$ ② $32 \times 45 =$

③ $29 \times 41 =$ ④ $37 \times 56 =$

⑤ $59 \times 15 =$ ⑥ $18 \times 42 =$

奇趣数学算一算

　　放学后，亮子坐在座位上，迟迟不肯动身。老师很奇怪，要是平时，他一准看着时间点起身。放学铃声响起的第一时间，他都冲到门口了。老师走过去问他："程佳亮，今天怎么不着急回家呢？"亮子拿出了自己的月考成绩单，对老师说："老师，我这次考试考砸了，7科我才考了479分，哎，回家看来免不了暴风骤雨啊！"那么，你能快速地说出亮子平均每门成绩是多少吗？

　　479÷7＝

第三节
交叉算法算乘法

一、速度与正确率测试

①31×92=　　　　②49×87=　　　　③27×65=

④21×54=　　　　⑤56×73=　　　　⑥94×13=

⑦52×39=　　　　⑧79×24=　　　　⑨53×57=

答案

用时：_____　　　正确率：_____%

①2852　　②4263　　③1755　　④1134　　⑤4088

⑥1222　　⑦2028　　⑧1896　　⑨3021

二、算式解析

图例能更加清晰地展现什么是交叉算法。

45×67=

第一步：将被乘数的个位数和乘数的个位数相乘。相乘之积如果是一位数，就将其写在横线的下方；相乘之积如果是两位数就将进位的数字写在横线的上方。5×7=35，3为进位数，5写在横线的下方。

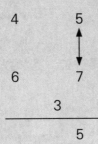

第二步：进行交叉相乘，相乘之积相加，如果之前有进位的要将其加进结果里。

4×7+5×6=58

58+3=61

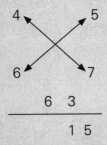

第三步：将被乘数的十位数和乘数的十位数相乘之积，加上之前进位的数字。

4×6=24

24+6=30

```
4           5
↕
6           7
3   6   3
─────────────
3   0   1   5
```

答案为：3015

谨记　当数字大于10的时候，就要进位，这和我们从小到大所学的数学加法算法是一样的。

47×74=

第一步：　将被乘数的个位数和乘数的个位数相乘。相乘之积如果是一位数，就将其写在横线的下方；相乘之积如果是两位数就将进位的数字写在横线的上方。4×7=28，2为进位数，8写在横线的下方。

```
4       7
        ↕
7       4
    2
─────────
    8
```

第二步：进行交叉相乘，相乘之积相加，如果之前有进位的要将其加进结果里。

$4 \times 4 + 7 \times 7 = 65$

$65 + 2 = 67$

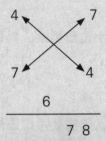

$$\frac{6}{7 \ 8}$$

第三步：将被乘数的十位数和乘数的十位数相乘之积，加上之前进位的数字。

$4 \times 7 = 28$

$28 + 6 = 34$

4   7

↕

7   4

3

—————————

3   4   7   8

答案为：3478

三、技巧算法详解

两位数相乘的时候，用交叉法算乘法，方法如下：

第一步：被乘数的个位数和乘数的个位数相乘，如果相乘之积为一位数则直接将数字写在横线的下方；如果相乘之积是两位数，则需要进位，进位数字写在横线的上方。

第二步：对角线数字两两相乘后，相乘之积相加。如果有进位数字则需要将进位数字加进结果里。

第三步：被乘数的十位数和乘数的十位数相乘。如果相乘之积有进位数字则需要将进位数字加进结果里。

谨记：当乘积数字为两位数的时候，则需要考虑进位，千万不要忘记，否则计算结果就会出现错误。

四、速算课堂

知道了交叉算法的妙处，我们现在来实践一下吧！看看自己的速算速度怎么样。

①25×43=

2		5
×		
4		3

②52×64=

5		2
×		
6		4

③38×54=

3		8
×		
5		4

④76×12=

7		6
×		
1		2

⑤49×34=

4		9
×		
3		4

⑥95×32=

9		5
×		
3		2

趣味数学

计算BMI

大伟的身材很胖，虽然身高仅165厘米，但是体重却达到了74kg。因为这样，他一直被同学称作"胖墩"。学校的很多体育活动他都不能参加，因为跑起来他就会气喘吁吁。他自己也深知这样是不健康的，为此，他决定改变不良的生活习惯，下决心减肥。那么，算一算，他体重应该达到多少才算是标准体重呢？对了，BMI的指数为19～24或者20～25为标准体重。

BMI=体重（千克）÷[身高（米）]^2

第四节
乘法的网格计算法

一、速度与正确率测试

①13×27=　　　　②25×48=　　　　③51×65=

④33×19=　　　　⑤621×437=　　　⑥782×235=

⑦397×158=　　　⑧442×232=　　　⑨527×286=

答案

用时：_____　　　正确率：_____%

①351　　②1200　　③3315　　④627　　⑤271377

⑥183770　⑦62726　　⑧102544　⑨150722

二、算式解析

当你看到三位数或者多位数乘法的时候，是不是有点头晕？因为算起来，又要考虑进位，又要高度集中精神，否则一步错，步步错，结果肯定是错的。印度数学就解决了这一难题。

古老的印度人，他们擅长在地上画出格子来算两位或者多位数的乘法，不但简单易学，而且算起来快速准确。他们是如何进行计算的呢？现在，我们就来学一学！现在计算开始了……

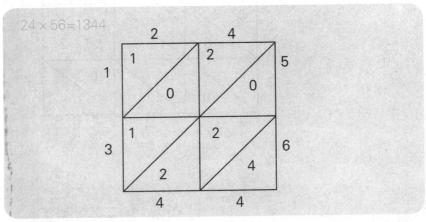

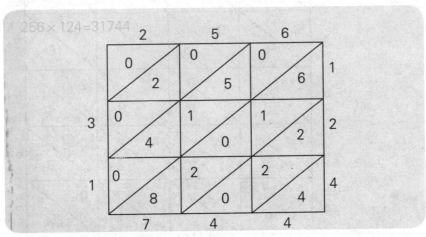

564×1482=835848

```
          5           6           4
    ┌───────────┬───────────┬───────────┐
    │ 0 ╱       │ 0 ╱       │ 0 ╱       │ 1
    │  ╱   5    │  ╱   6    │  ╱   4    │
  8 ├───────────┼───────────┼───────────┤
    │ 2 ╱       │ 2 ╱       │ 1 ╱       │ 4
    │  ╱   0    │  ╱   4    │  ╱   6    │
  3 ├───────────┼───────────┼───────────┤
    │ 4 ╱       │ 4 ╱       │ 3 ╱       │ 8
    │  ╱   0    │  ╱   8    │  ╱   2    │
  5 ├───────────┼───────────┼───────────┤
    │ 1 ╱       │ 1 ╱       │ 0 ╱       │ 2
    │  ╱   0    │  ╱   2    │  ╱   8    │
    └───────────┴───────────┴───────────┘
          8           4           8
```

3473×52763=183245899

```
          3           4           7           3
    ┌───────────┬───────────┬───────────┬───────────┐
    │ 1 ╱       │ 2 ╱       │ 3 ╱       │ 1 ╱       │ 5
  1 │  ╱   5    │  ╱   0    │  ╱   5    │  ╱   5    │
    ├───────────┼───────────┼───────────┼───────────┤
    │ 0 ╱       │ 0 ╱       │ 1 ╱       │ 0 ╱       │ 2
  8 │  ╱   6    │  ╱   8    │  ╱   4    │  ╱   6    │
    ├───────────┼───────────┼───────────┼───────────┤
    │ 2 ╱       │ 2 ╱       │ 4 ╱       │ 2 ╱       │ 7
  3 │  ╱   1    │  ╱   8    │  ╱   9    │  ╱   1    │
    ├───────────┼───────────┼───────────┼───────────┤
    │ 1 ╱       │ 2 ╱       │ 4 ╱       │ 1 ╱       │ 6
  2 │  ╱   8    │  ╱   4    │  ╱   2    │  ╱   8    │
    ├───────────┼───────────┼───────────┼───────────┤
    │ 0 ╱       │ 1 ╱       │ 2 ╱       │ 0 ╱       │ 3
  4 │  ╱   9    │  ╱   2    │  ╱   1    │  ╱   9    │
    └───────────┴───────────┴───────────┴───────────┘
          5           8           9           9
```

三、技巧算法详解

第一步：画好格子，按照被乘数与乘数的位数来画相应的格子；画好格子后，再画上长短不等的对角线，用来区别数字。

第二步：将上方的数字与右方的数字分别相乘，将乘积分成两部分写在格子内，十位数写在左上方，个位数则写在右下方。

第三步：将所有数字相乘完后，把在同两条水平线里的数字相加，将结果分别写下来，如果超过10就要进位。

第四步：从高位往低位写下计算出来的数字，即为数字相乘的最终结果。

谨记：当数字位数不同的时候，则需要在位数少的数字前加"0"，这样才能保证运算结果的正确性。

四、速算课堂

用乘法网格法计算乘法。

① $23 \times 54 =$ ② $45 \times 57 =$

③ $89 \times 234 =$ ④ $234 \times 789 =$

⑤ $1231 \times 972 =$ ⑥ $1122 \times 2124 =$

奇趣数学

正反金字塔

$1 \times 9 + 2 = 11$

$12 \times 9 + 3 = 111$

$123 \times 9 + 4 = 1111$

$1234 \times 9 + 5 = 11111$

$12345 \times 9 + 6 = 111111$

$123456 \times 9 + 7 = 1111111$

$1234567 \times 9 + 8 = 11111111$

$12345678 \times 9 + 9 = 111111111$

$123456789 \times 9 + 10 = 1111111111$

第五节
结网记数——只需数一下交叉点

一、速度与正确率测试

①14×22=　　　②23×45=　　　③52×61=

④33×14=　　　⑤26×34=　　　⑥78×23=

⑦39×15=　　　⑧44×23=　　　⑨52×28=

答案　　　用时：_____　　　正确率：_____%

①308　　②1035　　③3172　　④462　　⑤884

⑥1794　　⑦585　　⑧1012　　⑨1456

　　古代人因为物质的匮乏，他们没有纸笔来写下一些日常生活必须记得的内容，怎么办呢？只好用原有的材料——绳子来结网记事和记数。你想不想也学习一下这种神秘而古老的计算方法呢？不需要准备很多的绳子，只需要一页纸和一支笔，就可以轻松学习了。

二、算式解析

12×13=

第一步：画格子，首先画被乘数的线段。左上角画一条线段代表被乘数12中的1，右下角画两条线段，代表被乘数12中的2。

第二步：画乘数的线段。左下角画好一条线段，代表13中的1，右上角画好三条线段，代表13中的3。画好的格子为菱形。

第三步：数一数左、中、右竖着的结点个数，左边的结点数代表百位数，即为1；中间竖行结点的数量代表十位数，即为5；右边竖行结点的个数代表个位数，即为6。

所以，该算式的答案为：156。

14×15=

第一步：画格子，首先画被乘数的线段。左上角画1条线段，代表被乘数14中的1，右下角画4条线段，代表被乘数14中的4。

第二步：画乘数的线段。左下角画1条线段，代表乘数15中的1，右上角画5条线段，代表乘数15中的5。

第三步：依次数一数网中的结点个数，左列结点个数为1，代表百位数；中列结点个数为9，代表十位数；右列结点个数为20，代表个位数。

所以，该算式的答案为：210。

谨记：当各个数字大于10的时候，就需要进位。

123×321＝

第一步：画格子，首先画被乘数的线段。左上角画1条线段，代表被乘数123中的1，中间画两条线段，代表被乘数123中的2，右下角画3条线段，代表被乘数123中的3。

第二步：画乘数的线段。左下角画3条线段，代表乘数321中的3，中间画两条线段，代表乘数321中的2，右上角画1条线段，代表乘数321中的1。

第三步：依次数一数网中的结点个数，从左至右，分别为：3，8，14，8和3。将14进位，所以该算式的答案为：39483。

三、技巧算法详解

第一步：从左上到右下，画出若干线段代表被乘数的各个位上的数字。

第二步：从左下到右上，画出若干线段代表乘数的各个位上的数字。

第三步：从左往右数一下结点的个数，它们代表的是乘积的每一位数，按顺序组合在一起就是算式最终的答案了。

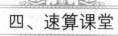

四、速算课堂

运用结网法算下列乘法。

①11×13=   ②13×12=

③13×14=   ④12×14=

⑤123×124=   ⑥135×124=

⑦124×212=   ⑧231×134=

奇趣数学

与9有关的乘法

9×1= 9   9×2=18

9×3=27   9×4=36

9×5=45   9×6=54

9×7=63   9×8=72

9×9=81   99×1= 99

99×2=198   99×3=297

99×4=396   99×5=495

99×6=594   99×7=693

99×8=792   99×9=891

通过观察你会发现，不管是一位数"9"还是两位数"99"与1~9的数字相乘都是有规律可循的。

　　当9与1~9的数字相乘时，个位数字依次递减，十位数字依次递增，从0增加到8。

　　当99与1~9的数字相乘时，个位数字依次递减，十位数字保持9不变，百位数字则依次递增，也是从0增加到8。

第六节
利用补数算除法

一、速度与正确率测试

① 194 ÷ 87 =   ② 237 ÷ 97 =   ③ 146 ÷ 87 =

④ 447 ÷ 79 =   ⑤ 781 ÷ 78 =   ⑥ 195 ÷ 88 =

⑦ 279 ÷ 98 =   ⑧ 169 ÷ 87 =   ⑨ 198 ÷ 84 =

⑩ 187 ÷ 85 =

答案

用时：_____   正确率：_____%

① 2余20   ② 2余43   ③ 1余59   ④ 5余52   ⑤ 10余1

⑥ 2余19   ⑦ 2余83   ⑧ 1余82   ⑨ 2余30   ⑩ 2余17

二、算式解析

　　利用补数来算除法，似乎一下就简单了，下面我们来领略一下除法的魔法吧！

135÷79=

第一步：被除数的第一位数是商的第一位数，即为1。

第二步：算出除数的补数，79对100的补数为21。

第三步：商与补数相乘：1×21=21。

第四步：将第三步中两个数的乘积写在被除数的下面，然后与被除数的十位个位两位数相加之和，就是余数。即21+35=56。所以最终答案为商1余56。

187÷92=

第一步：被除数的第一位数依然是商的第一位数，即为1。

第二步：算出除数的补数，92对100的补数为8。

第三步：商与补数相乘：1×8=8。

第四步：将第三步中两个数的乘积写在被除数的下面，然后与被除数的十位个位两位数相加之和，就是余数。即87+8=95。

第五步：因为95>92，所以95需要再除以一次92，得数为1余3，将两商相加，最终答案为商2余3。

3347÷925=

第一步：商的第一位数依然是被除数的第一位数，即为3。

第二步：除数的补数为1000-925=75。

第三步：商与补数相乘，即3×75=225，将其写在被除数的百位十位个位数下面。

第四步：将被除数的百位十位个位数与上一步的结果相加，得数即为余数。即347+225=572。

第五步：答案为商3余572。

例4

1235÷975=

第一步：商的第一位数依然是被除数的第一位数，即为1。

第二步：975与1000的补数为1000-975=25。

第三步：商与补数相乘，即1×25=25，将其写在十位个位数下面。

第四步：将被除数的十位个位数与上一步的结果相加，得数即为余数。即235+25=260。

第五步：最终答案为商1余260。

三、技巧算法详解

第一步：商的第一位数是被除数的第一位数。

第二步：算出除数与整百数或者整千数的补数。

第三步：商与补数相乘，将其乘积写在被除数的后几位数字的下面，然后将两者相加，得出的结果即为余数。如果余数大于被除数，则需要进行新一轮的除法运算，算出商与结果。

第四步：将所有的商相加即为算式的最终结果。

四、速算课堂

①127÷78=

②324÷98=

③542÷87=

④2345÷967=

⑤546÷78=

⑥234÷98=

⑦465÷78=

⑧367÷89=

奇趣数学

你有没有试着算过连续数字的加法，比如，从1一直加到49，也许在你没有计算器的情况下，你可能也要算上一会儿，而且丝毫不能保证结果的正确性。怎么办呢？现在，我们来教你一个简单的算法，你完全可以迅速地得出答案，而且答案丝毫也不会出错，计算方法演示如下：

1+2+3+4+5+6+…+49=?

49×（49+1）÷2=49×50÷2=1225

即：当连续的数字进行相加时，只需将最后一个数字乘以比其大1的数字之积再除以2即可。

第七节
用加法和乘法算除法

一、速度与正确率测试

①98÷9=　　　　②78÷8=　　　　③65÷6=

④125÷24=　　　⑤517÷17=　　　⑥196÷33=

⑦312÷29=　　　⑧219÷34=　　　⑨183÷27=

 答案　　用时：_____　　正确率：_____%

①10余8　　②9余6　　③10余5　　④5余5　　⑤30余7

⑥5余31　　⑦10余22　　⑧6余数15　　⑨6余21

二、算式解析

　　如果运用特殊的算式就可以将数学式简化，这样就不会涉及大的数字和繁琐的数字了。

例 1

37÷8=

第一步：将除数变为10-2。

第二步：被除数首先除以10，即37÷10的商为3，余数为7。

第三步：算出的余数加上商与除数8对10补数2的乘积，将结果写在下方。即7+3×2=13。

第四步：求得的结果再除以8，得出的商写在右方，余数写在数学式的下边。即13÷8，商为1余数为5。

第五步：两个商相加之和就是算式的商，即3+1=4，余数则为第四步的余数，那么，余数则是5。最终答案商为4余数为5。

例 2

76÷18=

第一步：将除数变为20-2。

第二步：被除数除以20，即76÷20的商为3，余数为16。

第三步：余数16加上商乘以除数18对20的补数2，即16+3×2=22。

第四步：求得的结果再除以18，即22÷18的商为1，余数为4。

第五步：两个商相加之和就是算式的商，即3+1=4。最终答案商为4余数为4。

331÷16=

第一步：将除数变为20-4。

第二步：被除数331除以20，商为16，余数为11。

第三步：余数11加上商16乘以除数16对20的补数4，即
11+16×4=75。

第四步：75除以除数16，商为4，余数为11。

第五步：两商相加之和就是算式的商，即16+4=20。所以，
331÷16的商为20，余数为11。

三、技巧算法详解

计算商及余数的时候，简便方法如下：

第一步：先将除数变成某整十数与除数的补数。

第二步：被除数除以整十数，得出商和余数。

第三步：将第二步中的余数加上第二步中的商与除数的补数的
乘积，再除以除数，得出商与余数，不断地重复此步骤，直到无法
再除为止。

第四步：两商相加之和即为商，余数则为上一步的余数。

谨记：在用此方法算除法的时候，一定要注意商从高位到低位
的变化，以保证结果的正确性。

四、速算课堂

①81÷5=   ②76÷9=

③31÷3=   ④58÷17=

⑤49÷13=   ⑥411÷14=

⑦672÷89=   ⑧657÷56=

奇趣数学

其他国家的小九九

中国人背诵乘法表，都是背诵到9×9，而其他欧美国家，如美国、英国和加拿大等国家都将乘法表背诵至12×12。虽然表示方法不同，但大同小异。如美国的4×8，就是four times eight is thirty two；英国人在背诵4×8时，则表示为four times eight equals to thirty two。加拿大在背诵乘法表时，4×8则为：four times eight is thirty two fourby eight is thirty two。上述三个国家将乘法表背诵到12×12，可以方便他们的日常生活。值得一提的是：法国、意大利和德国都没有类似的乘法口诀，计算方法不得而知。

第八节
颠倒法算一元一次方程

在我们学习的过程中，已经习惯了运用普通的代数式算法。在算简单的一元一次方程的时候，不管是代数法还是印度数学中所涉及的算法，都很容易得出答案。不过，在运算复杂的方程式的时候，就需要用到特殊的算法，以保证快速和答案的准确性。

 一、代数法与颠倒法比较

代数法

在运用此方法进行计算之前，我们先来看看普通的一元一次方程的解法吧！

例题：

$x+4=7$（文字说明为：某数加4等于7）

$x-2=6$（文字说明为：某数减2等于6）

$2x-3=7$（文字说明为：某数乘以2减去3等于7）

$x÷4=8$（文字说明为：某数除以4等于8）

现在，我们来对上面的几个例题进行一下解答：

$x+4=7$，x就是文字说明里的某数，某数加上4等于7，显然，这个数就是3，也就是$x=3$。

$x-2=6$，某数减2等于6，即某数等于8，也就是$x=8$。

$2x-3=7$，某数乘以2减3等于7，现在用代数法来解决一下这个问题：$2x=7+3$；$2x=10$，

也就是$x=5$。

$x\div4=8$，某数除以4等于8，某数即为32，也就是$x=32$。

颠倒法

上述方法是我们已经熟悉的代数法，解题的时候也很简单和容易。现在，我们就来学习一下印度数学是如何解决一元一次方程的吧！

计算$x+4=7$时，

等号两边同时减去4（就是所谓的颠倒-4），

所以，$x=3$。

计算$x-2=6$时，

等号两边同时加上2，（即所谓的颠倒$+2$），

所以，$x=8$。

计算$2x-3=7$时，

等号两边同时加上3，方程变为$2x=10$。

然后等号两边同时除以2，得出$x=5$。

此方程式用了两次颠倒法，第一次为颠倒加3，第二次为颠倒除以2。

二、算式解析

$7x-2=5x-1$

第一步： 等号两边同时加2，原式变为：$7x=5x+1$

第二步： 等号两边同时减$5x$，原式变为：$2x=1$

第三步： 等号两边同时除以2，原式就变为：$x=1/2$

第四步： 答案为：$x=1/2$

$4（2x+1）=6（2x+3）$

第一步： 现在，先将括号展开，方程式则变为：$8x+4=12x+18$

第二步： 等号两边同时减4，方程式变为：$8x=12x+14$

第三步： 等号两边同时减$8x$，方程式则变为：$0=4x+14$

第四步： 等号两边同时减14，方程式变为：$4x=-14$

第五步： 等号两边同时除4，结果$x=-14/4$，约分后变为：$x=-7/2$

不等式$4x+5>9$

第一步： 等号两边同时减去5，原式变为：$4x>4$

第二步： 等号两边同时除以4，原式变为：$x>1$

第三步： 结果为：$x>1$

三、技巧算法详解

运算一元一次方程式的时候，用颠倒法来计算，方法如下：

当计算带有x未知数的某项加上某数的时候则采用减法运算；计算带有x未知数的某项减去某数的时候则采用加法运算；计算带有x未知数的某项乘以某数的时候则采用除法运算；计算带有x未知数的某项除以某数的时候则采用乘法运算。重点就是将四则运算颠倒，并从等号的一边去掉一个数字，在计算的过程中，尽量将方程式简化。

四、速算课堂

用颠倒法解下列一元一次方程式。

① $x+5=6x$ ② $x-3=4x+6$

③ $4x+4=2x+8$ ④ $8x-1=5x+8$

奇趣数学

数学运算小窍门

当运算$ax+b=cx+d$的时候，怎么样才能快速地得出答案呢？

将有项的移到等号的一边，数字则移到等号的另一边，方程变为：$ax-cx=d-b$

将未知数提取出来，方程变为：$x(a-c)=d-b$

运用颠倒法，两边同时除以$a-c$，即$x=d-b/a-c$，

答案为$x=d-b/a-c$

第九节
二元一次方程的神奇求解法

一、传统解法

在学习简单的二元一次方程组解法之前，我们先来看看传统的二元一次方程式的解法。

例：$\begin{cases} 2x+4y=9 \\ 5x+7y=6 \end{cases}$

运用一元一次方程有关的颠倒法来解第一个方程式，等号两边同时减去$4y$，式子变为：$2x=9-4y$

等号两边同时除以2，式子变为：$x=\dfrac{9-4y}{2}$

现在，我们要来进行替换，将求得的x值代入第二个方程里，求出y值。即：

$$\begin{cases} 5 \times \dfrac{9-4y}{2} +7y=6 \\ \dfrac{45}{2} -10y+7y=6 \\ (2+3) \times \dfrac{9-4y}{2}+7y=6 \end{cases}$$

即$y=\dfrac{11}{2}$

现在，我们把求得的y值代入第一个方程里，求出x值。即：

$2x+4 \times \dfrac{11}{2}=9$，$x=-\dfrac{13}{2}$。现在我们来验证一下结果是否正确：$2 \times$

$\left(-\dfrac{13}{2}\right)+4 \times \dfrac{11}{2}=9$。

二、印度吠陀解法

现在，我们用更简单的方法来解二元二次方程吧！

$$\begin{cases} 3x+4y=5 \\ 7x+6y=8 \end{cases}$$

求x

$x=$分子/分母

x的分子：$4 \times 8-5 \times 6=2$

$3x+4y=5$

$7x+6y=8$

x的分母：$4 \times 7-3 \times 6=10$

$3x+4y=5$

$7x+6y=8$

所以，x值为：$2/10=1/5$

求y

$y=$分子/分母

算式变为：

$$\begin{cases} 4y + 3x = 5 \\ 6y + 7x = 8 \end{cases}$$

y的分子为：$3 \times 8 - 5 \times 7 = -11$

$4y + 3x = 5$

$6y + 7x = 8$

y的分母为：$3 \times 6 - 4 \times 7 = -10$

$4y + 3x = 5$

$6y + 7x = 8$

所以，y值为：$-11/-10 = 11/10$

所以，此二元二次方程式的x值为1/5，y值为11/10。

谨记：为保证结果的正确性，在计算分子与分母的时候，箭头必须从同一项里出发，如果不能从同一项里出发，结果往往是错误的。例如：

$$\begin{cases} 4y + 3x = 5 \\ 6y + 7x = 8 \end{cases}$$

求x值时，

$4y + 3x = 5$

$6y + 7x = 8$

分子为$3 \times 8 - 5 \times 7 = -11$

分母

$$4y + 3x = 5$$

$$6y + 7x = 8$$

$$4 \times 7 - 3 \times 6 = 10$$

分子为$3 \times 8 - 5 \times 7 = -11$，分母为$4 \times 7 - 3 \times 6 = 10$

$$x = -11/10$$

三、技巧算法详解

交叉法算二元二次方程的方法如下：

当求x项时，以y项为主。x项的分子为y项的系数与方程式结果对角线相乘之积再相减得出的结果，x项的分母则为方程x与y的系数对角线相乘之积再相减得出的结果。

当求y值时，将方程的x项与y项位置对调。y项的分子为x项的系数与方程式结果对角线相乘之积再相减得出的结果，y项的分母则为方程x与y的系数对角线相乘之积再相减得出的结果。

四、速算课堂

运用对角线交叉法来解二元二次方程。

①  $\begin{cases} 5x + 3y = 1 \\ 2x + 4y = 3 \end{cases}$

② $\begin{cases} 2x+3y=4 \\ 4x+y=5 \end{cases}$

③ $\begin{cases} x+4y=5 \\ 2x+5y=3 \end{cases}$

④ $\begin{cases} 4x+2y=6 \\ 5x+3y=1 \end{cases}$

⑤ $\begin{cases} 2x+4y=2 \\ 3x+2y=3 \end{cases}$

五、奇趣数学

当含有某个x项的两个算式进行括号相乘时，必须把第一个括号里的每一项都与第二个括号里的每一项相乘之后再进行相关的化简。下面，我们就来试试用格子来运算吧！

$(3x+2)(2x+4)=$

参考答案

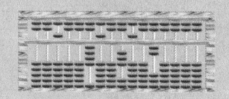

第一章　答案

第一节

① 100　　② 108　　③ 104　　④ 81　　⑤ 86

⑥ 1151　⑦ 944　　⑧ 862　　⑨ 829　　⑩ 691

第二节

①

```
  1 9
+ 2 7
```

3

□□

□ 6

1，6，4

②

```
  4 8
+ 1 4
```

5

□□

6 □

1，2，2

③

```
  5 9
+ 3 8
```

8

1 7

□ 7

9

④
```
    2  6
+   3  5
```
↓   ↓

5

1 1

| 6 | 1 |

6, 1

⑤
```
   6  3  8
+  9  4  9
```
↓   ↓   ↓

1 5

7

1 ☐

1 5 ☐ 7

7, 8

⑥
```
   4  1  8
+  4  7  6
```
↓   ↓   ↓

8

8

| ☐ | ☐ |

| ☐ | ☐ | ☐ |

1, 4, 8, 9, 4

⑦
```
   9  7  8
+  5  6  7
```
↓   ↓   ↓

☐ 4

1 3

1 ☐

☐ 5 4 ☐

1, 5, 1, 5

⑧
```
   4  9  6
+  9  4  3
```
↓   ↓   ↓

1 3

1 ☐

9

1 4 ☐ 9

3, 3

⑨
```
   4  7  9
+  1  5  8
```
↓   ↓   ↓

☐ 2

1 2

1 7

☐ 3 7

5, 6

第三节

①√   ②✗   ③✗   ④✗   ⑤√   ⑥√

第四节

27×11=29 7️⃣   32×11=3 5️⃣ 2

44×11= 4️⃣ 84   65×11= 7️⃣ 1️⃣ 5

262×11=2 8️⃣ 8️⃣ 2   123×11=1 3️⃣ 5️⃣ 3

4356×11=4 7️⃣ 91 6️⃣   12345×11=1 3️⃣ 5 7️⃣ 95

43215×11=47 5️⃣ 3 6️⃣ 5   56782×11= 6️⃣ 2460 2️⃣

第五节

①99×44=4356

第一种算法：100×44−1×44=4356

第二种算法：44−1=43；99−43=56，所以答案为：4356。

②99×65=6435

第一种算法：100×65−1×65=6435

第二种算法：65−1=64；99−64=35，所以答案为：6435。

③99×67=3366

第一种算法：100×67−1×67= 6633

第二种算法：67−1=66；99−66=33，所以答案为：6633。

④99×28=2772

第一种算法：100×28−1×28=2772

第二种算法：28−1=27；99−27=72，所以答案为：2772。

⑤99×16=1584

第一种算法：100×16−1×16=1584

第二种算法：16-1=15；99-15=84，所以答案为：1584。

⑥99×54=5346

第一种算法：100×54-1×54=5346

第二种算法：54-1=53；99-53=46，所以答案为：5346。

第六节

①104×107= 111 $\boxed{28}$　　②102×101=$\boxed{103}$02

③102×105=$\boxed{107}$ 10　　④106×105=$\boxed{111}$30

⑤106×108=114 $\boxed{48}$　　⑥109×107=$\boxed{116}$63

第七节

①16×24=

中间数为：20

计算过程为：20×20-4×4=384

②27×33=

中间数为：30

计算过程为：30×30-3×3=891

③18×22=

中间数为：20

计算过程为：20×20-2×2=396

④36×44=

中间数为：40

越玩越聪明的印度数学全集

计算过程为 40×40−4×4=1584

⑤97×103=

中间数为：100

计算过程为：100×100−3×3=9991

⑥197×203=

中间数为：200

计算过程为：200×200−3×3=39991

⑦998×1002=

中间数为：1000

计算过程为：1000×1000−2×2=999996

⑧99×101=

中间数为：100

计算过程为：100×100−1×1=9999

⑨95×105=

中间数为：100

计算过程为：100×100−5×5=9975

第八节

①34÷9=3余7　　②46÷9=5余1　　③62÷9=6余8

④123÷9=13余6　　⑤78÷7=11余1　　⑥95÷8=11余7

⑦79÷8=9余7　　⑧69÷8=8余5　　⑨98÷8=12余2

⑩87÷8=10余7

第二章　答案

第一节

①46+67=

+		4	6
6	1	0	
7		1	3
	1	1	3

②66+98=

+		9	8
6	1	5	
6		1	4
	1	6	4

③81+27=

+		8	1
2	1	0	
7			8
	1	0	8

④64+564=

+		5	6	4
0		5		
6		1	2	
4				8
		6	2	8

⑤789+842=

+		7	8	9
8	1	5		
4		1	2	
2			1	1
	1	6	3	1

第二节

①56−17=

50		6
−20		−−3
30	+	9

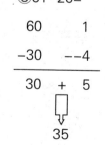

39

②76−58=

70		6
−60		−−2
10	+	8

18

③61−26=

60		1
−30		−−4
30	+	5

35

147

④35−17=

30		5
−20		−−3
10	+	8

18

⑤68−34=

60		8
−40		−−6
20	+	14

34

⑥94−48=

90		4
−50		−−2
40	+	6

46

⑦69−34=

60		9
−40		−−6
20	+	15

35

⑧81−72=

80		1
−80		−−8
0	+	9

9

⑨78−29=

70		8
−30		(−−1)
40	+	9

49

⑩55−46=

50		5
−50		(−−4)
0	+	9

9

第三节

用化零为整的方法进行计算。

①651÷5=130.2

第一步：将被除数和除数分别乘以2，被除数变成了651×2=1302，除数则变为5×2=10。

第二步：被除数和除数分别缩小10倍，算式1302÷10就变成了130.2÷1。

第三步：所以651÷5的最终结果为130.2。

②452÷5=90.4

第一步：被除数和除数分别乘以2，被除数变成了452×2=904，除数则变为5×2=10。

第二步：被除数和除数分别缩小10倍，算式904÷10就变成了90.4÷1。

第三步：所以452÷5的最终结果为90.4。

③565÷5=113

第一步：将被除数和除数分别乘以2，被除数变成了565×2=1130，除数则变成了5×2=10。

第二步：被除数和除数分别缩小10倍，算式1130÷10就变成了113÷1。

第三步：所以565÷5的最终结果为113。

④1145÷5=229

第一步：将被除数和除数分别乘以2，被除数变成了1145×2=2290，除数则变成了5×2=10。

第二步：被除数和除数分别缩小10倍，算式2290÷10就变成了229。

第三步：所以1145÷5的最终结果为229。

⑤1385÷5=277

第一步：将被除数和除数分别乘以2，被除数变成了1385×2=2770，除数则变成了5×2=10。

第二步：被除数和除数分别缩小10倍，算式2770÷10就变成了277÷1。

第三步：所以最终结果为277。

将数字变小进行计算。

①228÷4= 57

第一步：因为被除数和除数为偶数，所以被除数和除数分别除以2，算式则114÷2。

第二步：由于被除数和除数仍都是偶数，所以还可以将其分别再除以2，则算式变为57÷1。

第三步：计算结果，所以228÷4的最终结果为57。

②344÷8=43

第一步：因为被除数和除数为偶数，所以被除数和除数分别除以2，算式则变为172÷4。

第二步：由于被除数和除数仍都是偶数，所以还可以将其分别

再除以2，则算式变为86÷2。

第三步：两边再同时除以2，算式变为43÷1。

第四步：计算结果。所以344÷8结果为43。

③750÷25=30

第一步：因为被除数和除数可以被5整除，所以被除数和除数分别除以5，算式则变为150÷5。

第二步：两边再同时除以5，算式变为30÷1。

第三步：计算结果。所以750÷25的最终结果为30。

第四节

运用基数10来算简单的乘法。

①7×9=

原数	与10的负余数
7	–3
×	
9	–1

交叉算减法，结果为：　6

两负余数相乘之积为：　3

答案为：63

②12×13=

原数	与10的余数
12	+2
×	
13	+3

交叉算加法，结果为：____15____

两余数相乘之积为：____6____

答案为：__150+6=156__

③19×13=

原数	与10的余数
19	+9
×	
13	+3

交叉算加法，结果为：22

两余数相乘之积为：____27____

答案为：__220+27=247__

④15×12=

原数	与20的负余数
15	−5
×	
12	−8

交叉算减法，结果为：_____7_____

交叉相减后再乘以2，结果为：__7×2=14__

两负余数相乘之积为：40

答案为：__140+40=180__

⑤16×18=

原数　　　　　与20的负余数

　16　　　　　　　　－4

　×

　18　　　　　　____－2____

交叉算减法，结果为：____14____

交叉相减后再乘以2，结果为：__14×2=28__

两负余数相乘之积为：____8____

答案为：288

⑥17×18=

原数　　　　　与10的余数

　17　　　　　　　　＋7

　×

　18　　　　　　____＋8____

交叉算加法，结果为：25

两余数相乘之积为：____56____

答案为：306

第五节

①48×46=2208

$$48 \diagdown -2$$
$$46 \diagup -4$$

此算式需对角线相减，相减之后再除以2，余数纵向相乘之积为8，因为是以50为基数来进行运算的，所以在余数"8"的前面，需要再加一个"0"。然后将两部分结果按顺序组合，最终结果为2208。

②36×46=1656

$$36 \diagdown -14$$
$$46 \diagup -4$$

此算式需对角线相减，相减之差再除以2，余数纵向相乘之积为56，所以结果为1656。

③56×54=3024

$$56 \diagdown +6$$
$$54 \diagup +4$$

此算式需对角线相加之后再除以2，余数纵向相乘之积为24，然后将两部分结果按顺序组合，最终结果为3024。

④96×84=8064

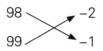

96 ＼　✗　→ −4
84 ／　　　→ −16

此算式需对角线相减，余数纵向相乘之积为64，然后将两部分结果按顺序组合，最终结果为8064。

⑤98×99=9702

98 ＼　✗　→ −2
99 ／　　　→ −1

此算式需对角线相减，余数纵向相乘之积为2，由于余数的乘积为一位数，则需要在原有结果前加"0"，然后将两部分结果按顺序组合，最终结果为9702。

⑥106×109=11554

106 ＼　✗　→ +6
109 ／　　　→ +9

此算式需对角线相加，余数纵向相乘之积为54，然后将两部分结果按顺序组合，最终结果为11554。

⑦105×107=11235

105 ＼　✗　→ +5
107 ／　　　→ +7

此算式需对角线相加，余数纵向相乘之积为35，然后将两部分结果按顺序组合，最终结果为11235。

⑧116×115=13340

116　　　　+16

115　　　　+15

此算式需对角线相加，余数纵向相乘之积为2，然后将两部分结果按顺序组合，最终结果为13340。

第六节

①900×960=864000

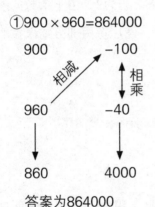

答案为864000

②980×979=959420

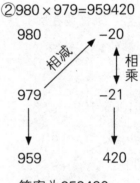

答案为959420

③987×999=986013

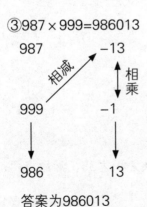

答案为986013

④958×873=836334

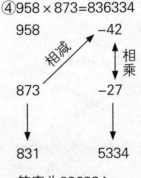

答案为836334

⑤975×957=933075

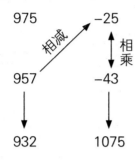

答案为933075

⑥1003×1100=1103300

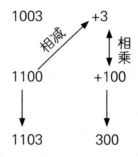

答案为1103300

⑦1005×1007=1012035

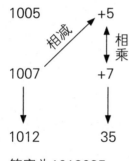

答案为1012035

第七节

①99×19=1881

第一步：9×1+9=18

第二步：9×9=81

按顺序组合，答案为：1881。

②87×27=2149

第一步：8×2+7=23

第二步：7×7=49

按顺序组合，答案为：2349

③78×72=5616

第一步：7×(7+1)=56

第二步：2×8=16

按顺序组合，答案为：5616

④72×32=2304

第一步：7×3+2=23

第二步：2×2=4

按顺序组合，答案为：2304

⑤69×49=4581

第一步：6×4+9=33

第二步：9×9=81

按顺序组合，答案为：3381

⑥27×23=621

第一步：2×(2+1)=6

第二步：3×7=21

按顺序组合，答案为：621

第八节

① 45×49＝

第一步结果： 40×40＝1600

第二步结果： （5+9）×40＝560

第三步结果： 5×9＝45

第四步结果： 1600+560+45＝2205

② 32×37＝

第一步结果： 32+7＝39

第二步结果： 39×30＝1170

第三步结果： 2×7＝14

第四步结果： 1170+14＝1184

③ 25×24＝

第一步结果： 25+4＝29

第二步结果： 29×20＝580

第三步结果： 4×5＝20

第四步结果： 580+20＝600

④ 56×51＝

第一步结果： 50×50＝2500

第二步结果：$(6+1)×50=350$

第三步结果：$6×1=6$

第四步结果：$2500+350+6=2856$

⑤$92×95=$

第一步结果：$90×90=8100$

第二步结果：$(2+5)×90=630$

第三步结果：$2×5=10$

第四步结果：$8100+630+10=8740$

⑥$83×86=$

第一步结果：$83+6=89$

第二步结果：$89×80=7120$

第三步结果：$3×6=18$

第四步结果：$7120+18=7138$

第九节

①$25×25=$

第一步：$2×（2+1）=6$

第二步：将25写在等式的末尾

组合答案为：625

②35×35=

第一步： <u>3×（3+1）=12</u>

第二步： <u>将25写在等式的末尾</u>

组合答案为： <u>1225</u>

③75×75=

第一步： <u>7×（7+1）=56</u>

第二步： <u>将25写在等式的末尾</u>

组合答案为： <u>5625</u>

④95×95=

第一步： <u>9×（9+1）=90</u>

第二步： <u>将25写在等式的末尾</u>

组合答案为： <u>9025</u>

第三章　答案

第一节

①453－258＝

计算方法如下：

453 ⟶ 400＋53

258 ⟶ 200＋58

58 ⟶ 60－2

　400　　53

－200

－60　　－－2
─────────────
　140　＋　55

所以，答案为140＋55＝195。

②679－372＝

计算方法如下：

679 ⟶ 600＋79

372 ⟶ 300＋72

72 ⟶ 80－8

　600　　79

－300

－80　　－－8
─────────────
　220　＋　87

所以，答案为220＋87＝307。

③542－439＝

计算方法如下：

542 ⟶ 500+42

439 ⟶ 400+39

39 ⟶ 40－1

   500   42

－400

－40   －－1

   60 ＋ 43

所以，答案为60+43=103。

④268－124＝

计算方法如下：

268 ⟶ 200+68

124 ⟶ 100+24

24 ⟶ 30－6

   200   68

－100

－30   －－6

   70 ＋ 74

所以，答案为70+74=144。

⑤567－231＝

计算方法如下：

567 ⟶ 500+67

231 ⟶ 200+31

31 ⟶ 40－9

   500   67

－200

－40   －－9

  260 ＋ 76

所以，答案为260+76=336。

⑥457－156＝

计算方法如下：

457 ⟶ 400+57

156 ⟶ 100+56

56 ⟶ 60－4

   400   57

－100

－60   －－4

  240 ＋ 61

所以，答案为240+61=301。

第二节

① 23×32=

2×3×100=600

2×2×10=40

3×3×10=90

3×2=6

600+40+90+6=736

答案为：736。

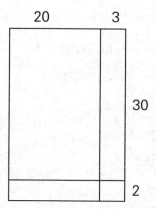

② 32×45=

3×4×100=1200

5×3×10=150

2×4×10=80

2×5=10

1200+150+80+10=1440

答案为：1440。

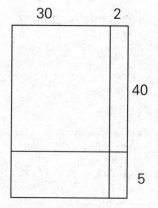

③ 29×41=

2×4×100=800

1×2×10=20

9×4×10=360

9×1=9

800+20+360+9=1189

答案为：1189。

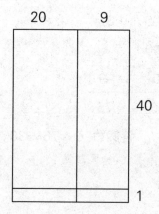

④37×56=

3×5×100=1500

7×5×10=350

3×6×10=180

7×6=42

1500+350+180+42=2072

答案为：2072。

⑤59×15=

5×1×100=500

5×5×10=250

1×9×10=90

9×5=45

500+250+90+45=885

答案为：885。

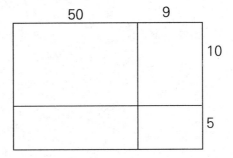

⑥18×42=

1×4×100=400

4×8×10=320

1×2×10=20

8×2=16

400+320+20+16=756

答案为：756。

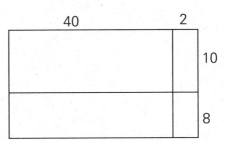

第三节

①25×43=1075

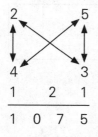

1	2	1
1	0	7	5

②52×64=3328

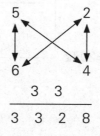

	3	3	
3	3	2	8

③38×54=2052

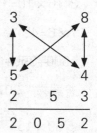

2	5	3
2	0	5	2

④76×12=912

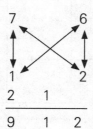

2	1	
9	1	2

⑤49×34=1666

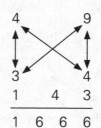

1	4	3
1	6	6	6

⑥95×32=3040

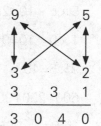

3	3	1
3	0	4	0

第四节

①23×54=1242

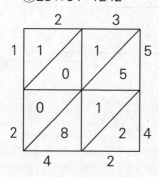

②45×57=2565

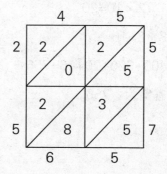

③89×234=20826

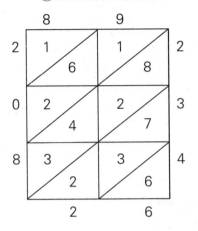

④234×789=184626

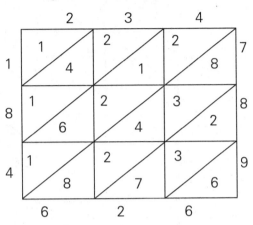

⑤1231×972=1196532

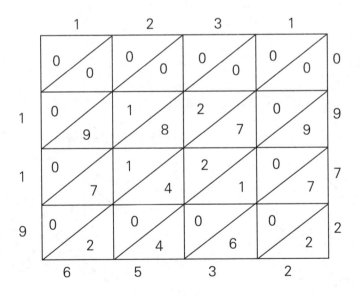

⑥1122×2124=2383128

	1	1	2	2	
0	0/2	0/2	0/4	0/4	2
2	0/1	0/1	0/2	0/2	1
3	0/2	0/2	0/4	0/4	2
8	0/4	0/4	0/8	0/8	4
	3	1	2	8	

第五节

① 11×13=143

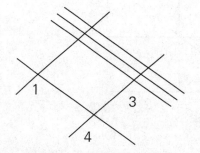

② 13×12=156

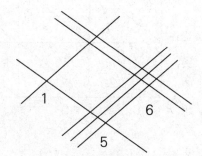

③ 13 × 14=182

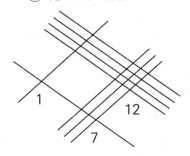

④ 12 × 14=168

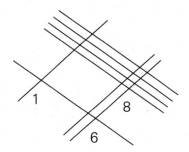

⑤ 123 × 124=15252

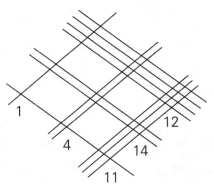

⑥ 135 × 124=16740

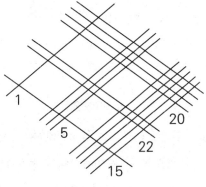

⑦ 124 × 212=26288

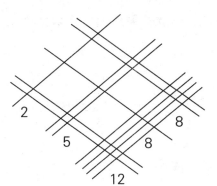

⑧ 231 × 134=30954

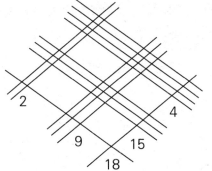

第六节

①127÷78=1余49

第一步：商的第一位数依然是被除数的第一位数，即：1。

第二步：78与100的补数为100-78=22。

第三步：商与补数相乘，结果为1×22=22，将其写在被除数的后两位数下面。

第四步：被除数的后两位数与上一步结果相加，得数即为余数。即27+22=49。

答案为：1余49。

②324÷98=3余30

第一步：商的第一位数依然是被除数的第一位数，即：3。

第二步：98与100的补数为100-98=2。

第三步：商与补数相乘，结果为3×2=6，将其写在被除数的后两位数下面。

第四步：被除数的后两位数与上一步结果相加，得数即为余数。即24+6=30。

答案为：3余30。

③542÷87=6余20

第一步：商的第一位数依然是被除数的第一位数，即：5。

第二步：87与100的补数为100−87=13。

第三步：商与补数相乘，结果为13×5=65，将其写在被除数的后两位数下面。

第四步：被除数的后两位数与上一步结果相加，得数即为余数。即42+65=107。

第五步：因107＞87，所以进行第二轮运算，商为1，余数为20。

答案为：6余20。

④2345÷967=2余411

第一步：商的第一位数依然是被除数的第一位数，即：2。

第二步：976与1000的补数为1000−976=33。

第三步：商与补数相乘，结果为2×33=66，将其写在被除数的后两位数下面。

第四步：将被除数的后两位数与上一步结果相加，得数即为余数。即345+66=411。

答案为：2余411。

⑤546÷78=7

第一步：商的第一位数依然是被除数的第一位数，即：5。

第二步：78与100的补数为100−78=22。

第三步：商与补数相乘，结果为5×22=110，将其写在被除数的后两位数下面。

第四步：将被除数的后两位数与上一步结果相加，即

46+110=156。

第五步：因156＞78，所以需要进行第二轮运算，商为2，（注意要进位）。

答案为：7。

⑥234÷98=2余38

第一步：商的第一位数依然是被除数的第一位数，即：2。

第二步：98与100的补数为100-98=2。

第三步：商与补数相乘，结果为2×2=4，将其写在被除数的后两位数下面。

第四步：将被除数的后两位数与上一步结果相加，即34+4=38。

答案为：2余38。

⑦465÷78=5余75

第一步：商的第一位数依然是被除数的第一位数，即：4。

第二步：78与100的补数为100-78=22。

第三步：商与补数相乘，结果为4×22=88，将其写在被除数的后两位数下面。

第四步：将被除数的后两位数与上一步结果相加，即65+88=153。

第五步：因153＞78，所以需要进行第二轮运算，商为1，余数为75。

答案为：5余75。

⑧367÷89=4余11

第一步：商的第一位数依然是被除数的第一位数，即：3。

第二步：89与100的补数为100-89=11。

第三步：商与补数相乘，结果为3×11=33，将其写在被除数的后两位数下面。

第四步：将被除数的后两位数与上一步结果相加，即67+33=100。

第五步：因100＞89，所以需要进行第二轮运算，商为1，余数为11。

答案为：4余11。

第七节

①81÷5=16余1

$$5\overline{)81}$$

$$10-5\overline{)81}$$

$$\begin{array}{r} 8 \\ 10\overline{)81} \\ 80 \\ \hline 1 \end{array}$$

1+（8×5）=41

$$\begin{array}{r} 8 \\ 5\overline{)41} \\ 40 \\ \hline 1 \end{array}$$

8+8=16，余数为1

②76÷9=8余4

$$9\overline{)76}$$

$$10-1\overline{)76}$$

$$\begin{array}{r} 7 \\ 10\overline{)76} \\ 70 \\ \hline 6 \end{array}$$

6+（7×1）=13

$$\begin{array}{r} 1 \\ 9\overline{)13} \\ 9 \\ \hline 4 \end{array}$$

7+1=8，余数为4

③31÷3=10余1

$3\overline{)31}$

↓

1+（3×7）=22

↓

$10-7\overline{)31}$

↓

$\begin{array}{r}7\\3\overline{)22}\\21\\\hline1\end{array}$

↓

$10\overline{)\begin{array}{r}3\\31\\30\\\hline1\end{array}}$

↓

3+7=10，余数为1

④58÷17=3余7

$17\overline{)58}$

↓

18+（2×3）=24

↓

$20-3\overline{)58}$

↓

$\begin{array}{r}1\\17\overline{)24}\\17\\\hline7\end{array}$

↓

$20\overline{)\begin{array}{r}2\\58\\40\\\hline18\end{array}}$

↓

2+1=3，余数为7

⑤49÷13=3余10

$16\overline{)49}$

↓

9+（2×7）=23

↓

$20-7\overline{)49}$

↓

$\begin{array}{r}1\\13\overline{)23}\\13\\\hline10\end{array}$

↓

$20\overline{)\begin{array}{r}2\\49\\40\\\hline9\end{array}}$

↓

2+1=3，余数为10

⑥411÷14=29余5

$14\overline{)411}$

↓

11+（20×6）=131

↓

$20-6\overline{)411}$

↓

$\begin{array}{r}9\\14\overline{)131}\\126\\\hline5\end{array}$

↓

$20\overline{)\begin{array}{r}20\\411\\40\\\hline11\end{array}}$

↓

20+9=29，余数为5

⑦672÷89=7余49

$89\overline{)672}$

↓

42+（7×1）=49

↓

$90-1\overline{)672}$

↓

7，余数为49

↓

$90\overline{)\begin{array}{r}7\\672\\630\\\hline42\end{array}}$

⑧657÷56=11余41

$56\overline{)657}$

↓

57+（10×4）=97

↓

$60-4\overline{)657}$

↓

$\begin{array}{r}1\\56\overline{)97}\\56\\\hline41\end{array}$

↓

$60\overline{)\begin{array}{r}10\\657\\60\\\hline57\end{array}}$

↓

10+1=11，余数为41

第八节

①$x+5=6x$

等式两边同时减去x，变成$5=5x$。

等式两边同时除以5，变成$x=1$。

②$x-3=4x+6$

等式两边同时加上3，方程式变为$x=4x+9$。

等式两边同时减x，方程式变为$3x+9=0$。

等式两边同时减9，方程式变为$3x=-9$。

等式两边同时除以3，则$x=-3$。

③$4x+4=2x+8$

等式两边同时减4，方程式变为$4x=2x+4$。

等式两边同时减$2x$，方程式变为$2x=4$。

等式两边同时除以2，则$x=2$。

④$8x-1=5x+8$

等式两边同时加1，方程式变为$8x=5x+9$。

等式两边同时减$5x$，方程式变为$3x=9$。

等式两边同时除以3，则$x=3$。

第九节

① $\begin{cases} 5x+3y=1 \\ 2x+4y=3 \end{cases}$

第一步：

$x = \dfrac{3 \times 3 - 1 \times 4}{3 \times 2 - 5 \times 4} = -5/14$

第二步：

求y时，方程式变为：

$3y + 5x = 1$

$4y + 2x = 3$

$y = \dfrac{5 \times 3 - 1 \times 2}{5 \times 4 - 3 \times 2} = 13/14$

带入验算，将$x=-5/14, y=13/14$带入方程，$5 \times（-5/14）+3 \times 13/14=1$，所以，方程的解为$x=-5/14, y=13/14$。

② $\begin{cases} 2x+3y=4 \\ 4x+y=5 \end{cases}$

第一步：

$x = \dfrac{3 \times 5 - 4 \times 1}{3 \times 4 - 2 \times 1} = 11/10$

第二步：

求y时，方程式变为：

$3y + 2x = 4$

$$y + 4x = 5$$

$$y = 2 \times 5 - 4 \times 4$$

$$\frac{\text{-----------}}{2 \times 1 - 3 \times 4} = 3/5$$

带入验算，将x=11/10,y=3/5带入方程，2×11/10+3×3/5=4，所以，方程的解为x=11/10,y=3/5。

③ $\begin{cases} x+4y= 5 \\ 2x+5y=3 \end{cases}$

第一步：

$$x = 4 \times 3 - 5 \times 5$$

$$\frac{\text{-----------}}{4 \times 2 - 1 \times 5} = -13/3$$

第二步：

求y时，方程式变为：

$$4y + x = 5$$

$$5y + 2x = 3$$

$$y = 1 \times 3 - 5 \times 2$$

$$\frac{\text{-----------}}{1 \times 5 - 4 \times 2} = 7/3$$

带入验算，将x=−13/3,y=7/3带入方程，−13/3+4×7/3=5，所以，方程的解为x=−13/3,y=7/3。

④ $\begin{cases} 4x+2y=6 \\ 5x+3y=1 \end{cases}$

第一步：

$$x = 2 \times 1 - 6 \times 3$$

$$\frac{\text{-----------}}{2 \times 5 - 4 \times 3} = 8$$

第二步：

求y时，方程式变为：

$2y + 4x = 6$

$3y + 5x = 1$

$y = 4 \times 1 - 6 \times 5$

$$\frac{}{4 \times 3 - 2 \times 5} = -13$$

带入验算，将$x=8, y= -13$带入方程，$4 \times 8 + 2 \times (-13) = 6$，所以，方程的解为$x=8, y= -13$。

⑤ $\begin{cases} 2x+4y=2 \\ 3x+2y=3 \end{cases}$

第一步：

$x = 4 \times 3 - 2 \times 2$

$$\frac{}{4 \times 3 - 2 \times 2} = 1$$

第二步：

求y时，方程式变为：

$4y + 2x = 2$

$2y + 3x = 3$

$y = 2 \times 3 - 2 \times 3$

$$\frac{}{2 \times 2 - 4 \times 3} = 0$$

带入验算，将$x=1, y=0$带入方程，$2 \times 1 + 4 \times 0 = 2$，所以，方程的解为$x=1, y= 0$。